Boaz Muyuku Kagabika
Deborah Cyuzuzu Byukusenge
Aime Christian Cyuzuzu

Percepções da comunidade sobre a mitigação e a adaptação às alterações climáticas

Boaz Muyuku Kagabika
Deborah Cyuzuzu Byukusenge
Aime Christian Cyuzuzu

Percepções da comunidade sobre a mitigação e a adaptação às alterações climáticas

Caso do projeto Green Gicumbi no Ruanda

ScienciaScripts

Imprint

Any brand names and product names mentioned in this book are subject to trademark, brand or patent protection and are trademarks or registered trademarks of their respective holders. The use of brand names, product names, common names, trade names, product descriptions etc. even without a particular marking in this work is in no way to be construed to mean that such names may be regarded as unrestricted in respect of trademark and brand protection legislation and could thus be used by anyone.

Cover image: www.ingimage.com

This book is a translation from the original published under ISBN 978-620-3-92621-7.

Publisher:
Sciencia Scripts
is a trademark of
Dodo Books Indian Ocean Ltd. and OmniScriptum S.R.L publishing group

120 High Road, East Finchley, London, N2 9ED, United Kingdom
Str. Armeneasca 28/1, office 1, Chisinau MD-2012, Republic of Moldova, Europe
Managing Directors: Ieva Konstantinova, Victoria Ursu
info@omniscriptum.com

Printed at: see last page
ISBN: 978-620-3-40032-8

Prefácio

Esta publicação explora as percepções das comunidades locais relativamente ao Projeto Gicumbi Verde, uma iniciativa fundamental na resposta do Ruanda aos desafios das alterações climáticas. O projeto faz parte da estratégia nacional mais ampla do Ruanda para aumentar a resiliência e promover o desenvolvimento sustentável em regiões vulneráveis aos impactos climáticos. Ao centrar-se em medidas de mitigação e adaptação, o Green Gicumbi tem como objetivo melhorar a saúde dos ecossistemas, aumentar a produtividade agrícola e apoiar os meios de subsistência locais. No entanto, o sucesso do projeto depende em grande medida do envolvimento da comunidade e do alinhamento com as prioridades locais. Este estudo investiga a forma como os residentes percepcionam a relevância, a eficácia e o impacto do projeto na sua vida quotidiana. Os conhecimentos adquiridos ajudarão os decisores políticos e os responsáveis pela implementação a aperfeiçoar as abordagens, assegurando que as intervenções climáticas não só abordem os objectivos ambientais, mas também capacitem as comunidades, promovendo um caminho de colaboração para uma mudança sustentável.

Os autores expressam a sua gratidão ao pessoal do Green Gicumbi Project (GGP), em particular ao Gestor, Sr. Kagenza Jean M. Vianney, por fornecer dados valiosos para esta publicação. Os autores também estendem o seu apreço ao pessoal académico da Universidade Independente de Kigali ULK, especialmente ao Fundador e Presidente da ULK, Prof. Dr. Rwigamba Balinda, por considerar a investigação como uma questão central e uma componente chave da missão da universidade de servir a comunidade.

Dr. KAGABIKA Muyuku Boaz, PhD

BYUKUSENGE Cyuzuzo Deborah

CYUZUZO Aimé Christian

Índice

Resumo

Este estudo intitula-se "Percepções da comunidade sobre a mitigação e adaptação às alterações climáticas, caso do projeto Green Gicumbi no Ruanda". Os objectivos do estudo eram analisar as percepções e a sensibilização da comunidade local sobre as alterações climáticas no distrito de Gicumbi; determinar o impacto dos projectos de atenuação e adaptação às alterações climáticas no desenvolvimento socioeconómico da comunidade local; e descobrir os desafios que os projectos de atenuação e adaptação às alterações climáticas enfrentam e que impedem a realização dos seus objectivos. Na realização deste estudo, uma mistura de conceção de investigação qualitativa e quantitativa, a dimensão da amostra foi calculada com base nas fórmulas de Yamane e foram utilizadas técnicas de amostragem intencionais para determinar a amostra. Para a recolha de dados, foram utilizadas técnicas de entrevista, questionário e documentação e, para o tratamento dos dados, foram utilizadas técnicas de edição, codificação e tabulação. Os resultados mostraram que o Distrito de Gicumbi Verde está a dar formação às pessoas para plantarem árvores (florestação e reflorestação), a dar formação às pessoas para utilizarem biogás a fim de evitar a desflorestação intensiva, a melhorar as povoações, a sensibilizar para a proteção do ambiente e a melhorar o envolvimento dos jovens e das mulheres no ambiente. O estudo considera também que o baixo nível de sensibilização e a mentalidade da comunidade são desafios que impedem os projectos de atingir plenamente os seus objectivos. Por conseguinte, o estudo recomenda que se aumente a sensibilização através de uma melhor divulgação junto da comunidade e que se reforce a inclusão da comunidade no planeamento de tais projectos.

Palavras-chave: *Projeto Gicumbi Verde, Mudanças climáticas, Mitigação e adaptação climática, Gicumbi.*

Abreviaturas, acrónimos e símbolos

ACPC	African Climate Policy Centre
ADBI	Asian Development Bank Institute
AIDA	Agricultural Innovation in Drought-Prone Areas
AMCEN	African Ministerial Conference on the Environment
AR4	Assessment Report 4
CBA	Community-Based Adaptation
CBOs	Community-Based Organizations
CDKN	Climate and Development Knowledge Network
CFCs	Chloro Fluoro Carbons
CLICO	Climate Change and Impacts on Water Resources in Africa
CLIMB	Climate Impacts on Water Resources in Africa
CO2	Carbon dioxide
COPs	Conference of Parties
DAC	Development Assistance Committee
DFID	Department for International Development
EPA	Environmental Protection Agency
FAO	Food and Agriculture Organization
FAR	First Assessment Report
FDRE	Federal Democratic Republic of Ethiopia
FONERWA	Fonds National de l'Environnement du Rwanda
FP	Framework Programme
GCF	Green Climate Fund
GDP	Gross Domestic Product
GGCRS	Green Growth and Climate Resilience Strategy
GGP	Green Gicumbi Project
GHG	Greenhouse Gases
GoR	Government of Rwanda
HIC	Higher Income Countries
IFAD	International Fund for Agricultural Development
ILO	International Labour Organization
IMF	International Monetary Funds
IPCC	Inter-governmental Panel on Climate Change
KT	Kigali Today
M&E	Monitoring and Evaluation
MDGs	Millennium Development Goals

MINECOFIN	Ministry of Finance and Economic Planning
MINEMA	Ministry of Emergency Management
MoE	Ministry of Environment
n.d	Non defined
NAPA	National Adaptation Programme of Action
NDCs	National Adaptation Programme of Action
NO2	Nitrogen dioxide
NST1	National Strategies for Transformation-1
OECD	Organization of Economic Community and Development
PFCs	Perfluorinated Compounds
QWECI	Climate Impacts on Health in Developing Countries
REDD+	Reducing Emission from Deforestation and forest Degradation
REMA	Rwanda Environment Management Authority
Rwf	Rwandan Francs
SAR	Second Assessment Report
SDGs	Sustainable Development Goals
SF6	Sulfur Fexafluoride
SMEs	Small and Medium Enterprises
TAR	Third Assessment Report
ToC	Theory of Change
ULK	Université Libre de Kigali
UN	United Nations
UNDESA	United Nations Department of Economic and Social Affairs
UNDP	United Nations Development Programme
UNDRR	United Nations Office for Disaster Risk Reduction
UNECA	United Nations Economic Commission for Africa
UNEP	United Nations Environment Programme
UNFCCC	United Nations Framework Convention on Climate Change
UNICEF	United Nations Children's Fund
USA	United States of America
USAID	United States Agency for International Development
USD	United States Dollar
WASSERMED	Water Availability and Security in the Mediterranean and Middle East
WCED	World Commission on Environment and Development
WETwin	Water Resources Management in Twinned River Basins
WGII	Working Group II

| **WHO** | World Health Organization |
| **WMO** | World Meteorological Organization |

Capítulo 1: Panorama geral do projeto

1.0 Observações introdutórias

O projeto Green Gicumbi, no Ruanda, é uma iniciativa centrada na comunidade, concebida para enfrentar os desafios das alterações climáticas através de medidas específicas de atenuação e adaptação. Esta investigação explora a forma como as comunidades locais percepcionam e se envolvem com estas acções climáticas, fornecendo informações sobre a sua compreensão, participação e apoio ao projeto.

Através deste trabalho, os investigadores pretendem oferecer aos leitores uma compreensão matizada das iniciativas climáticas baseadas na comunidade e contribuir com conhecimentos valiosos para os esforços de ação climática em curso no Ruanda e não só.

1.1 Antecedentes do estudo

As alterações climáticas são um dos desafios mais prementes que o mundo enfrenta atualmente, manifestando-se através do aumento das temperaturas globais, de fenómenos meteorológicos extremos e de perturbações nos ecossistemas e nos meios de subsistência. As actividades humanas, em especial a queima de combustíveis fósseis, a desflorestação e as práticas industriais, são os principais motores das alterações climáticas, contribuindo para a acumulação de gases com efeito de estufa na atmosfera (IPCC, 2021). Em resultado, as alterações climáticas estão a ter consequências graves, como tempestades, secas e inundações mais frequentes e intensas, a subida do nível do mar e a perda de biodiversidade. O impacto destas alterações faz-se sentir em todos os sectores, da agricultura à saúde, e afecta de forma desproporcionada as comunidades mais vulneráveis, especialmente nos países em desenvolvimento.

As alterações climáticas provocadas pelo homem representam riscos significativos para os ecossistemas e as sociedades de todo o mundo.

Resultam da emissão de gases com efeito de estufa, que retêm a radiação de ondas longas na atmosfera superior, provocando o aumento da temperatura atmosférica e alterando o sistema climático. O dióxido de carbono, o gás com efeito de estufa com maior impacto, tem visto a sua concentração atmosférica aumentar exponencialmente desde a revolução industrial devido à queima de combustíveis fósseis e às alterações na utilização dos solos. Em 1800, a sua concentração era de aproximadamente 280 partes por milhão (ppm). Foram também registados aumentos comparáveis para outros gases com efeito de estufa, como o metano e o óxido nitroso (Houghton et al., 2001).

A Convenção-Quadro das Nações Unidas sobre as Alterações Climáticas (CQNUAC) define duas abordagens para combater as alterações climáticas: a mitigação, através da redução das emissões de gases com efeito de estufa e do aumento dos sumidouros de carbono, e a adaptação aos seus efeitos. A atenuação envolve acções humanas centradas na redução das emissões ou no aumento da absorção de gases com efeito de estufa, como o dióxido de carbono, o metano e o óxido nitroso. A adaptação, no contexto das alterações climáticas, refere-se a ajustamentos nos sistemas naturais ou humanos para fazer face aos impactos climáticos actuais ou previstos, com o objetivo de minimizar os danos ou potenciar os potenciais benefícios (Klein et al., 2005).

O aumento da confiança no que era possível, juntamente com uma maior aceitação das responsabilidades morais, levou à adoção dos Objectivos de Desenvolvimento do Milénio (ODM) no virar do século. Estes objectivos constituíram uma verdadeira base para a cooperação internacional e o desenvolvimento.

Os Objectivos de Desenvolvimento do Milénio (ODM) não prestaram uma atenção significativa às questões ambientais, climáticas e de sustentabilidade, uma lacuna que se tornou evidente em retrospetiva. A comunidade mundial demorou a reconhecer o papel fundamental que estes factores desempenham na definição dos padrões de vida futuros e na garantia da sobrevivência (Fankhauser e Stern, 2016).

Os Objectivos de Desenvolvimento Sustentável (ODS), adoptados em setembro de 2015, fornecem um quadro unificado para a próxima fase dos esforços de redução da pobreza. Embora se baseiem nos ODM centrados no rendimento, na educação e na saúde, os ODS dão maior ênfase às questões ambientais, climáticas e de sustentabilidade. Esta mudança destaca uma nova fase no desenvolvimento económico em que a redução da pobreza, o desenvolvimento e a gestão ambiental estão profundamente interligados. Nomeadamente, 13 dos 17 ODS abordam diretamente o ambiente natural, o clima ou a sustentabilidade (Fankhauser e Stern, 2016).

O conceito de integração da adaptação e da atenuação nos projectos e políticas relativos às alterações climáticas está a ganhar cada vez mais atenção (Ravindranath, 2007). A mitigação centra-se na redução das emissões de gases com efeito de estufa ou no aumento da sua absorção, enquanto a adaptação visa diminuir a vulnerabilidade das pessoas e dos ecossistemas à variabilidade e às alterações climáticas, abordando a sua suscetibilidade e capacidade limitada de gerir os efeitos climáticos adversos (McCarthy, 2001). Embora ambas as estratégias partilhem o objetivo global de minimizar os impactos das alterações climáticas, têm objectivos distintos e produzem benefícios a diferentes escalas e prazos (Locatelli et al., 2011). No entanto, muitas actividades e políticas podem alcançar simultaneamente resultados de adaptação e de atenuação.

Os instrumentos políticos de adaptação e atenuação centram-se frequentemente em actividades que envolvem a gestão da paisagem. O Mecanismo de Desenvolvimento Limpo incorpora iniciativas agrícolas e projectos de reflorestação ou florestação pelo seu papel na redução das emissões de gases com efeito de estufa. Do mesmo modo, o mecanismo REDD+ (Redução das Emissões Resultantes da Desflorestação e da Degradação Florestal) visa evitar as perdas de carbono causadas pela degradação florestal e pela desflorestação, frequentemente motivadas pela expansão agrícola. Procura também conservar ou aumentar as reservas de carbono através de práticas de gestão florestal sustentável. As políticas de Acções de Mitigação Nacionalmente Apropriadas também incluem acções relacionadas com a agricultura e a desflorestação em diferentes países (Wilkes e Tennigkeit, 2013).

A agricultura é um sector prioritário em muitas actividades de adaptação e a abordagem da adaptação baseada nos ecossistemas considera o papel dos serviços dos ecossistemas na redução da vulnerabilidade, uma abordagem fortemente ligada à gestão da paisagem. Os projectos alinhados com os Programas de Ação Nacionais de Adaptação em vários países africanos e asiáticos ilustram os esforços para integrar estratégias de adaptação e atenuação (Pramova, Locatelli e Brockhaus, 2012). No entanto, as excepções na gestão da terra e da água e no planeamento urbano são significativas. Os espaços verdes urbanos, por exemplo, melhoram a saúde física e mental dos residentes, oferecendo simultaneamente benefícios de adaptação, como o arrefecimento e a drenagem das águas pluviais, bem como benefícios de atenuação, como o sombreamento dos edifícios. Do mesmo modo, a reflorestação e a agrossilvicultura podem sequestrar carbono, evitar inundações, recuperar terras degradadas, aumentar a biodiversidade, fornecer energia às comunidades rurais e melhorar a gestão dos solos e das bacias hidrográficas (Spencer et al., 2017). No sector da água, as instalações hidroeléctricas contribuem para reduzir a utilização de combustíveis fósseis e melhorar a segurança energética (England et al., 2018).
Embora o aproveitamento destas sinergias possa produzir múltiplos benefícios, existem contrapartidas. Os projectos de adaptação local podem aumentar o consumo de energia e as emissões de gases com efeito de estufa, e os desenvolvimentos hidroeléctricos podem perturbar o fluxo de água e a deposição de sedimentos a jusante (Swart e Raes, 2007). Reconhecendo estas complexidades, muitos países começaram a integrar a mitigação, a adaptação e o desenvolvimento nas suas políticas. Estas abordagens integradas têm como objetivo alcançar "ganhos triplos", combinando redução da pobreza, criação de emprego, melhorias na saúde, segurança energética e alimentar e benefícios

climáticos (Kok et al., 2008). No entanto, nas regiões em desenvolvimento, os ganhos em sectores sensíveis ao clima permanecem precários, sublinhando a necessidade de estratégias resistentes ao clima (CDKN, 2014).

Desde meados dos anos 2000, tem havido uma ênfase crescente nas abordagens de planeamento que alinham os objectivos de mitigação, adaptação e desenvolvimento. Conceitos como "desenvolvimento de baixo carbono", "desenvolvimento resiliente ao clima", "co-benefícios" e "desenvolvimento compatível com o clima" surgiram para apoiar estes esforços (Nunan, 2017). Estudos na Comunidade de Desenvolvimento da África Austral destacam os desafios colocados pela incerteza climática e a necessidade de reformas sistémicas de governação para alcançar triplos ganhos (Stringer et al., 2014; Stringer et al., 2017).

De um modo mais geral, os desafios institucionais continuam a ser uma barreira significativa. As pressões para dar prioridade aos ganhos a curto prazo ofuscam frequentemente a procura de resultados a longo prazo que se alinham com os objectivos de tripla vitória (Tanner et al., 2014).

No Ruanda, as alterações climáticas já estão a ser sentidas através de padrões de precipitação alterados, secas prolongadas e fenómenos meteorológicos imprevisíveis, degradação dos solos e aumento das quebras de colheitas, que exacerbam a insegurança alimentar e a pobreza, que afectam gravemente a agricultura, a espinha dorsal da economia do país ((MoE, 2018). Na mesma linha, a Autoridade de Gestão Ambiental do Ruanda (REMA, 2019) sublinha que a alteração dos padrões climáticos conduziu à redução do rendimento das culturas, ao aumento da insegurança alimentar e a uma maior vulnerabilidade às doenças. Sendo um país sem litoral com uma população em rápido crescimento, o Ruanda enfrenta desafios significativos para criar resiliência contra os efeitos adversos das alterações climáticas, especialmente para as comunidades rurais do Ruanda, em particular as que dependem da agricultura de subsistência. Para fazer face a estes desafios, o projeto Green Gicumbi, lançado em 2018 com o financiamento do Fundo Verde para o Clima (GCF), centra-se no reforço da resiliência destas comunidades no distrito de Gicumbi, no norte do Ruanda (GCF, 2018).

Esta iniciativa alinha-se com as políticas climáticas nacionais mais amplas do Ruanda, incluindo a Estratégia de Crescimento Verde e Resiliência Climática (GGCRS), que sublinha a importância do envolvimento da comunidade no desenvolvimento sustentável. Quadros como a Visão 2050 e as Contribuições Nacionalmente Determinadas (NDCs) do Ruanda apoiam ainda mais os objectivos do país de crescimento com baixo teor de carbono e resiliência climática. O projeto exemplifica a forma como as políticas nacionais são operacionalizadas a nível local, ligando eficazmente as prioridades nacionais às necessidades da comunidade.

Ao enfrentar os desafios climáticos, o Ruanda implementou estratégias como o Programa de Ação Nacional de Adaptação (NAPA) e o GGCRS, ambos centrados no desenvolvimento sustentável e abordagens de resiliência centradas na comunidade.

O Governo do Ruanda comprometeu-se com uma ambiciosa agenda de ação climática destinada a reduzir as emissões de gases com efeito de estufa em 38% até 2030, em comparação com os cenários habituais, o que equivale a mitigar até 4,6 milhões de toneladas de dióxido de carbono equivalente (tCO2e). Apesar da previsão de duplicação das emissões entre 2015 e 2030, o país planeia alcançar esta redução através de avanços na produção e utilização de energia, processos industriais, gestão de resíduos, transportes, agricultura e esforços de conservação baseados na natureza. As medidas de adaptação darão prioridade aos sectores da água, da agricultura, da terra e das florestas, dos assentamentos humanos, da saúde, dos transportes e da exploração mineira, exigindo um financiamento estimado em 11 mil milhões de dólares, dos quais 5,7 mil milhões para a atenuação e 5,3 mil milhões para a adaptação, com origem interna e externa (MdE, 2020).

Um exemplo importante dos esforços de adaptação do Ruanda é o projeto "Strengthening Climate Resilience of Rural Communities in Northern Rwanda" (Projeto Gicumbi), que se centra na redução da vulnerabilidade às alterações climáticas, reforçando a capacidade de adaptação das comunidades e integrando a resiliência nas práticas locais para obter resultados sustentáveis. O projeto inclui 133 actividades agrupadas em 27 subcomponentes no âmbito de quatro componentes principais: proteção das bacias hidrográficas e agricultura resistente às alterações climáticas, gestão sustentável das florestas e energia, povoações resistentes às alterações climáticas e transferência e integração de conhecimentos. O projeto visa nove sectores no distrito de Gicumbi: Rubaya, Cyumba, Kaniga, Mukarange, Rushaki, Shangasha, Manyagiro, Byumba e Bwisige, abrangendo 252 aldeias e tendo um impacto estimado em 248 907 pessoas, ou seja, 63% da população do distrito (Fonerwa, 2019).

Apesar de ter sido classificada como uma das províncias menos afectadas no Índice de Vulnerabilidade às Alterações Climáticas do Ruanda de 2018, a Província do Norte, em particular os distritos de Gicumbi e Burera, continua vulnerável devido às frequentes inundações e deslizamentos de terras causados por chuvas intensas. Isto sublinha a necessidade crítica de medidas adaptativas como as implementadas no Projeto Gicumbi (REMA, 2019).

Compreender as percepções da comunidade é fundamental para o êxito dos projectos de atenuação e adaptação às alterações climáticas, uma vez que as comunidades locais possuem conhecimentos essenciais sobre o seu ambiente, as práticas agrícolas e os impactos diretos das alterações climáticas nas suas vidas. Estas percepções são inestimáveis para identificar as vulnerabilidades locais e reforçar as capacidades de adaptação. Além disso, o envolvimento das comunidades na conceção e implementação de iniciativas no domínio das alterações climáticas garante que estes projectos sejam relevantes, culturalmente sensíveis e adaptados às necessidades específicas das pessoas que pretendem beneficiar.

Para Locatelli et al. (2015), a participação da comunidade não só fomenta um sentido de propriedade como também capacita as populações locais para adoptarem práticas sustentáveis e apoiarem os esforços de mitigação das alterações climáticas. Por exemplo, no Ruanda, os projectos de base comunitária, como a agrossilvicultura e a conservação dos solos, têm sido bem sucedidos devido ao envolvimento ativo dos agricultores locais, que reconhecem os benefícios a longo prazo destas práticas para melhorar a fertilidade dos solos e a produtividade das culturas (Kigoma et al. (2020).

Além disso, o IPCC (2023) sublinhou que a perceção das alterações climáticas como uma ameaça real entre as comunidades locais influencia diretamente a sua vontade de adotar práticas adaptativas, como a alteração dos padrões de cultivo ou das técnicas de gestão da água, o que, por sua vez, tem impacto na eficácia das estratégias de atenuação.

Nas comunidades rurais do Ruanda, onde as tradições culturais e o conhecimento local desempenham um papel significativo, é crucial integrar os pontos de vista locais ao desenvolver intervenções que se alinham com as necessidades dos beneficiários. O Projeto Gicumbi Verde dá ênfase aos métodos participativos, reconhecendo que a criação de propriedade local é fundamental para garantir uma resiliência duradoura.

As principais áreas de intervenção comunitária no projeto incluem a agricultura sustentável, em que as comunidades recebem formação para implementar práticas agrícolas resistentes ao clima, a fim de reduzir a dependência da agricultura de sequeiro e mitigar a erosão do solo. Estas práticas incluem a agro-silvicultura, a diversificação de culturas e a utilização de fertilizantes orgânicos para melhorar a fertilidade do solo. A recuperação do ecossistema envolve os habitantes locais na plantação de árvores, na reflorestação e na gestão das bacias hidrográficas, melhorando os serviços do ecossistema, como a retenção de água e a conservação da biodiversidade, ao mesmo tempo que cria oportunidades de geração de rendimentos através de empresas florestais. O desenvolvimento de infra-estruturas centra-se na construção de terraços, sistemas de recolha de águas pluviais e infra-estruturas de irrigação através da mão de obra comunitária, promovendo a responsabilidade partilhada, a transferência de competências e a difusão de tecnologias (GCF). No mesmo contexto, o GCF (2024) salienta que, embora o Projeto Gicumbi Verde tenha obtido um apoio significativo, persistem vários desafios, conforme salientado pelas percepções da comunidade local. Uma questão importante é a acessibilidade limitada aos recursos; os pequenos agricultores carecem frequentemente de recursos financeiros e de insumos agrícolas, o que dificulta a sua capacidade de adotar práticas resistentes ao clima. A criação de esquemas de microfinanciamento e o reforço das cooperativas de agricultores poderiam resolver estes obstáculos, melhorando o acesso ao crédito e reunindo recursos para benefícios partilhados.

As lacunas de conhecimento nas estratégias de adaptação climática constituem outro obstáculo. A insuficiente sensibilização da comunidade e os conhecimentos técnicos limitados reduzem a eficácia destas intervenções. Para ultrapassar esta situação, é essencial melhorar os serviços de extensão agrícola e oferecer seminários contínuos de reforço de capacidades adaptados aos contextos locais.

Além disso, subsistem desafios em matéria de inclusão, nomeadamente no que respeita à garantia de uma participação equitativa dos grupos marginalizados, como as mulheres e os jovens. A promoção do seu envolvimento ativo nos processos de tomada de decisão e a conceção de intervenções específicas podem ajudar a garantir que beneficiam equitativamente dos resultados do projeto. Estas medidas não só promovem uma maior inclusão, como também reforçam a resiliência global da comunidade.

Abordar estas percepções é crucial para melhorar a conceção e a implementação de projectos climáticos. As percepções do Projeto Gicumbi Verde sublinham a importância de integrar o conhecimento local, fomentar a confiança e manter uma comunicação transparente para criar iniciativas mais inclusivas e eficazes. Uma monitorização reforçada e mecanismos de avaliação podem garantir ainda mais que o projeto se adapta às necessidades e desafios emergentes.

Esta análise fornece uma base para avaliar o Green Gicumbi Project como um modelo de ação climática participativa no Ruanda, com potenciais lições para intervenções semelhantes a nível global. A sua abordagem integrada demonstra como o envolvimento local, alinhado com as políticas nacionais, pode impulsionar mudanças transformadoras, oferecendo um modelo para aumentar a resiliência climática noutras regiões.

1.2. Declaração do problema

Como já foi referido, as alterações climáticas são amplamente reconhecidas como uma questão global premente com profundas implicações para o desenvolvimento, a erradicação da pobreza e a segurança alimentar e nutricional (Organização das Nações Unidas para a Alimentação e a Agricultura [FAO], 2016). Uma extensa investigação explorou os seus fundamentos científicos (IPCC, 2007; 2014) e os seus crescentes impactos sociais e económicos (Organização Internacional do Trabalho [OIT], Departamento de Assuntos Económicos e Sociais das Nações Unidas [UNDESA] e Organização Mundial de Saúde [OMS], 2011). No entanto, continua a haver uma falta de indicadores internacionais acordados para medir os efeitos das alterações climáticas nos objectivos de desenvolvimento social. A FAO (2011) realizou um estudo significativo sobre a forma como as alterações climáticas afectam o bem-estar dos agregados familiares em seis países da África Subsariana. A investigação avaliou vários indicadores, incluindo o rendimento total, o rendimento agrícola, os padrões de consumo e a segurança alimentar, ao mesmo tempo que identificava os factores que contribuíam para tal. O estudo revelou que as famílias vulneráveis suportaram o peso dos riscos climáticos, como a redução da precipitação, afectando significativamente o seu bem-estar e segurança alimentar (FAO, 2016). A integração de perspectivas de desenvolvimento social nos programas de adaptação e atenuação das alterações climáticas aumenta a sua eficácia, ao mesmo tempo que promove a equidade e a justiça social. Uma análise social sólida durante a conceção do programa pode conduzir a intervenções mais eficazes que melhorem as capacidades de adaptação (OIT, UNDESA e OMS, 2011). Esta abordagem dá ênfase à abordagem de questões de equidade e justiça social e ao envolvimento de grupos marginalizados, como as comunidades indígenas e as mulheres (Mearns e Norton, 2010). Além disso, as medidas de adaptação são frequentemente mais eficazes em termos de custos do que a inação, o que as torna uma prioridade estratégica (FAO, 2011).

O sector agrícola, que contribui significativamente para as emissões de gases com efeito de estufa, apresenta oportunidades tanto de adaptação como de mitigação (IPCC, 2014). As estratégias incluem a gestão sustentável dos recursos, a redução da perda e do desperdício de alimentos, mudanças na dieta e melhores práticas de consumo de madeira (FAO, 2013).

A adaptação na agricultura pode levar ao aumento dos rendimentos das famílias, ao reforço das bases de activos e à redução da vulnerabilidade a fenómenos meteorológicos extremos (International Funds for Agricultural Development [IFAD], 2013). Além disso, permite que os pequenos agricultores diversifiquem as fontes de rendimento, reduzam a dependência de meios de subsistência sensíveis ao clima e criem resiliência (Davies et al., 2009).

Os esforços de atenuação nos sectores dos recursos naturais devem visar áreas-chave como a pecuária, a silvicultura, as pastagens, a agricultura e a pesca. As abordagens tradicionais incluem a redução da desflorestação, o reforço da reflorestação e a gestão da densidade do carbono florestal (FAO, 2008). A incorporação de abordagens de desenvolvimento social acrescenta valor ao garantir que os programas se alinham com as realidades da comunidade, abordando a dinâmica da pobreza, as condições socioeconómicas e as relações de género (FAO, 2011). Métodos participativos e sensíveis ao género, como o desenvolvimento territorial e a gestão da paisagem, melhoram ainda mais os resultados da adaptação (Banco Mundial, FAO e FIDA, 2015). No Ruanda, os seus efeitos são cada vez mais evidentes na precipitação imprevisível, nas secas prolongadas e no aumento da ocorrência de inundações e deslizamentos de terras. Estes riscos induzidos pelo clima ameaçam a economia dependente da agricultura, agravam a insegurança alimentar e minam a resistência das comunidades rurais.

Em resposta, iniciativas como o **Projeto Gicumbi Verde**, apoiado pelo Fundo Verde do Ruanda (FONERWA) e pelo GCF, visam mitigar e adaptar-se aos impactos das alterações climáticas. O projeto centra-se na agroflorestação, na gestão sustentável dos solos e na recuperação das bacias hidrográficas para reduzir as vulnerabilidades e melhorar os meios de subsistência. Embora estes esforços representem um progresso significativo, o seu sucesso e sustentabilidade a longo prazo dependem do envolvimento ativo e das percepções das comunidades locais.

No entanto, existe uma compreensão limitada da forma como as populações locais percepcionam estas iniciativas em termos de relevância, implementação e potenciais benefícios. As percepções da comunidade influenciam factores críticos como a participação, a apropriação do projeto e a adoção de práticas sustentáveis. O desalinhamento entre os objectivos do projeto e as necessidades da comunidade pode prejudicar a eficácia, resultando num impacto reduzido e na sustentabilidade das intervenções.

Este estudo procura colmatar esta lacuna, analisando a forma como as iniciativas de mitigação e adaptação às alterações climáticas, em particular o Projeto Gicumbi Verde, contribuem para o desenvolvimento socioeconómico das comunidades locais. Ao examinar as perspectivas da comunidade e identificar as barreiras ao envolvimento, a investigação visa fornecer informações que possam melhorar a conceção, a implementação e a sustentabilidade dos projectos de resiliência climática centrados na comunidade no Ruanda.

1.3. Objectivos do estudo

Os objectivos do presente estudo são classificados em objectivos gerais e objectivos específicos, a fim de proporcionar uma abordagem estruturada para a compreensão do problema de investigação.

1.3.1. Objetivo geral

O objetivo geral deste estudo é examinar as percepções da comunidade local sobre as acções relativas às alterações climáticas do Projeto Gicumbi Verde e o seu impacto no desenvolvimento socioeconómico no distrito de Gicumbi, no Ruanda.

1.3.2. Objectivos específicos

Especificamente, este estudo visa atingir os seguintes objectivos

(i) Analisar as percepções e a sensibilização da comunidade local sobre as alterações climáticas e os seus impactos no distrito de Gicumbi.

(ii) Avaliar a eficácia das abordagens de base comunitária na implementação do Projeto Gicumbi Verde para o desenvolvimento socioeconómico e a ação climática sustentável

(iii) Identificar os desafios enfrentados pelo Green Gicumbi Poject na implementação de projectos de mitigação e adaptação às alterações climáticas para atingir os seus objectivos.

(iv) Propor soluções práticas para superar os desafios encontrados pelo GGP na realização dos seus objectivos.

1.4. Questões de investigação

As questões de investigação são as seguintes:

(i) Quais são as percepções e os níveis de sensibilização da comunidade local relativamente às alterações climáticas e aos seus impacts no distrito de Gicumbi?

(ii)   Em que medida os projectos de mitigação e adaptação às alterações climáticas afectam o desenvolvimento socioeconómico da comunidade local no distrito de Gicumbi?

(iii)   Quais são os desafios que impedem que os projectos de mitigação e adaptação às alterações climáticas atinjam os seus objectivos no distrito de Gicumbi?

(iv)   Que estratégias podem ser definidas para enfrentar os desafios que impedem o projeto Green Gicumbi no distrito de Gicumbi?

1.5.   Importância do estudo

Este estudo é importante porque analisa os efeitos das medidas de mitigação e adaptação às alterações climáticas no desenvolvimento socioeconómico das comunidades locais onde essas iniciativas são implementadas pelo Green Gicumbi Project. Isto alinha-se com as questões de investigação que procuram compreender "Quais são os efeitos das estratégias de adaptação baseadas na comunidade nos meios de subsistência dos residentes rurais no Ruanda?" Além disso, ao identificar os desafios que impedem estes projectos de atingir os seus objectivos, o estudo aborda outra questão-chave de investigação: "Quais são as barreiras à implementação bem sucedida de iniciativas de mitigação e adaptação às alterações climáticas?" Estas questões orientam o estudo para a consecução dos seus objectivos, que incluem a avaliação dos impactos socioeconómicos destas iniciativas e a proposta de soluções para ultrapassar os desafios de implementação.

Os resultados deste estudo beneficiarão várias partes interessadas, incluindo a comunidade local do Distrito de Gicumbi, o Fundo Verde do Ruanda (FONERWA) e os seus parceiros, os decisores públicos, os profissionais das alterações climáticas e do desenvolvimento sustentável, futuros investigadores e a comunidade científica em geral.

Para a comunidade local, o estudo sensibilizará para os esforços do governo no sentido de proteger o ambiente e apoiar meios de subsistência sustentáveis.

Os decisores políticos considerarão o estudo valioso para a tomada de decisões informadas e baseadas em provas para melhorar as iniciativas de ação climática. Da mesma forma, o Fundo Verde do Ruanda (FONERWA) e os seus parceiros podem utilizar os resultados para avaliar os impactos socioeconómicos dos seus projectos na comunidade de Gicumbi, permitindo um melhor planeamento e implementação.

Para a comunidade científica, esta investigação contribuirá para o conjunto da literatura sobre a atenuação e adaptação às alterações climáticas, servindo como um recurso valioso para estudos futuros que examinem as ligações entre estes esforços e o desenvolvimento socioeconómico.

Capítulo 2: Revisão da literatura

2.0. Introdução

Este capítulo destaca a literatura existente relacionada com os projectos de mitigação e adaptação às alterações climáticas e o desenvolvimento socioeconómico das comunidades locais. Os investigadores centram-se na revisão concetual, no quadro teórico, na revisão empírica, bem como no quadro concetual e nas lacunas de investigação.

2.1. Revisão concetual

Nesta secção, são revistos conceitos-chave como alterações climáticas, mitigação, adaptação e desenvolvimento socioeconómico. A definição de conceitos como alterações climáticas, mitigação e adaptação ajuda o estudo a ser mais impactante, credível e acessível a diversos públicos, garantindo que contribui de forma significativa para o discurso académico e para soluções práticas.

2.1.1. Alterações climáticas

O Painel Intergovernamental sobre as Alterações Climáticas (IPCC)[1] define as alterações climáticas como "uma mudança no estado do clima que pode ser identificada (por exemplo, através de testes estatísticos) por alterações na média e/ou na variabilidade das suas propriedades e que persiste durante um período alargado, normalmente décadas ou mais" (IPCC, 2007). Os efeitos das alterações climáticas incluem: padrões meteorológicos cada vez mais erráticos; fenómenos

---

[1] O IPCC, criado em 1988 pelo Programa das Nações Unidas para o Ambiente (PNUA) e pela Organização Meteorológica Mundial (OMM), fornece avaliações científicas sobre as alterações climáticas, os seus impactos e as estratégias de atenuação. O seu trabalho serve de base às negociações internacionais sobre o clima no âmbito da Convenção-Quadro das Nações Unidas sobre as Alterações Climáticas (CQNUAC), um tratado adotado em 1992 na Cimeira da Terra do Rio de Janeiro para estabilizar as concentrações de gases com efeito de estufa (CO_2, CH_4, NO_2, SF_6, HFC, PFC). Os principais acordos no âmbito deste quadro incluem o Protocolo de Quioto (1997) e o Acordo de Paris (2015). O IPCC também apoia as COP (Conferências das Partes), reuniões anuais da CQNUAC para avaliar e fazer avançar a ação climática.

meteorológicos extremos mais frequentes (como secas, tempestades tropicais e inundações); e tensões a mais longo prazo, como o aumento da temperatura e do nível do mar (ILO *et al.,* 2011). As alterações climáticas desencadeiam impactos em cascata que vão desde as alterações ambientais até aos indivíduos, com repercussões sociais e económicas significativas nos meios de subsistência e na segurança alimentar e nutricional (FAO, 2016). Embora os fenómenos meteorológicos extremos dominem frequentemente o discurso, os efeitos graduais e menos dramáticos das alterações climáticas podem também ter consequências profundas e cumulativas no bem-estar humano (Moser et al., 2010).

2.1.2 Mitigação das alterações climáticas

Uma intervenção humana para reduzir as emissões ou aumentar os sumidouros de gases com efeito de estufa (Costella *et al.,* 2017). O PIAC definiu a mitigação das alterações climáticas como a capacidade de diminuir a intensidade das pressões naturais (e outras) a que se pode estar exposto. Uma vez que esta definição sugere que a capacidade de mitigação de um grupo depende da gravidade dos impactos, a capacidade pode ser definida como "a capacidade de um país para reduzir os gases com efeito de estufa antropogénicos ou aumentar os sumidouros naturais" (IPCC, 2007).

2.1.2 Adaptação às alterações climáticas

A adaptação nos sistemas humanos refere-se ao processo de ajustamento às condições climáticas actuais ou previstas e aos seus impactes para minimizar os danos ou capitalizar os potenciais benefícios. Nos sistemas naturais, envolve ajustamentos às condições climáticas actuais, que podem ser apoiados por intervenções humanas para fazer face às alterações previstas. A adaptação às alterações climáticas também pode ser descrita como as medidas tomadas para reduzir a vulnerabilidade ou aumentar a resiliência em resposta às alterações observadas ou previstas no clima e aos fenómenos meteorológicos extremos com ele relacionados. Este processo abrange sistemas físicos, ecológicos e humanos, envolvendo modificações das práticas sociais e ambientais, percepções de risco e funções para mitigar potenciais danos ou aproveitar novas oportunidades (IPCC, 2007; IPCC, 2018).

2.1.3 Desenvolvimento

O desenvolvimento tem sido definido por muitos académicos de diferentes formas. Alguns defendem que o desenvolvimento implica o crescimento do rendimento per capita, enquanto outros se centram na melhoria das condições de vida dos beneficiários através da redução da desigualdade na distribuição do rendimento (Schumpeter & Joseph, 2003)

Ao definir o conceito de desenvolvimento, Rochere (1992) afirma que o desenvolvimento é abrangente e dinâmico, através do qual a sociedade cria oportunidades para os seus membros, recursos materiais, intelectuais e espirituais novos. Este autor não se limita aos aspectos quantitativos do desenvolvimento que fazem apenas um crescimento do património e do rendimento. Mostra, pelo contrário, que as oportunidades e os recursos devem ser criados em todos os sectores da vida, são finalizados pela felicidade dos homens e não têm qualquer significado se estes não forem avançados no seu estilo de vida. Ele diz que a cultura social ou espiritual não existe pelos produtos do progresso económico; pelo contrário, eles dão sentido.

2.1.4 Desenvolvimento económico

O desenvolvimento económico refere-se geralmente a acções sustentadas e concertadas de decisores políticos e comunidades que promovem o nível de vida e a saúde económica de uma área específica. Desenvolvimento económico é um termo que economistas, políticos e outros têm usado frequentemente no século [XX]. O conceito, no entanto, existe no Ocidente há séculos. Modernização, ocidentalização e, sobretudo, industrialização são outros termos utilizados quando se fala de desenvolvimento económico.

Embora ninguém tenha a certeza da origem do conceito, a maioria das pessoas concorda que o desenvolvimento está intimamente ligado à evolução do capitalismo e ao desaparecimento do feudalismo (Greyhell, 2001). O desenvolvimento económico é a transformação da estrutura institucional que permite o aparecimento do crescimento e o seu prolongamento durante o tempo histórico, traduz-se em indicadores que justificam concretamente as modificações económicas em que vive uma determinada população (Sindayiheba, 2002).

Podemos também dizer que o desenvolvimento económico é medido por uma mudança quantificável de uma população no tempo presente em comparação com o passado

2.1.5 Desenvolvimento social

O desenvolvimento social é definido como a gestão dos "colectivos de actores" empregados privilegiando os aspectos participativos, a mobilização das organizações qualificadoras do trabalho, a melhoria das condições de trabalho, as formulações concebidas como investimentos colectivos (Uwingoroye, 2004).

No seu trabalho, privilegiou esta definição anterior ao dizer que o desenvolvimento social é o que se relaciona com a sociedade humana na sua evolução, assim, uma sociedade humana estuda a sua estrutura, a sua organização e o seu programa, em suma, os efeitos sociais. É também o que se relaciona com a melhoria do nível de vida e que tem como objetivo criar solidariedade entre os membros da comunidade dentro da mesma sociedade.

O desenvolvimento social é um processo que resulta na transformação da estrutura social de forma a melhorar a capacidade da sociedade para realizar as suas aspirações. O desenvolvimento social consiste em dois aspectos inter-relacionados: aprendizagem e aplicação. A sociedade descobre melhores formas de realizar as suas operações e desenvolve mecanismos organizacionais para expressar esse conhecimento de modo a atingir o seu objetivo social e económico (Michael *et al.*, 1998).

2.1.6 Desigualdade, equidade e atenuação das alterações climáticas

A "desigualdade" refere-se à desigualdade de recompensas ou de acesso a oportunidades para diferentes indivíduos dentro de um grupo, ou entre grupos dentro da sociedade (Marshall, 1998). As desigualdades podem assumir várias formas a várias escalas espaciais. Grande parte da literatura sobre desigualdade centra-se na riqueza e no rendimento (desigualdade económica), na saúde e no acesso aos serviços de saúde (desigualdade sanitária) ou no acesso desigual a oportunidades de participação social, económica e política segundo categorias socialmente definidas, como o género, a idade, a etnia, a religião, a capacidade ou a classe (desigualdades sociais). Na realidade, as categorias sociais cruzam-se e sobrepõem-se (Alber, Cahoon e Röhr, 2017), e as desigualdades reforçam-se muitas vezes mutuamente - por exemplo, as desigualdades de riqueza podem influenciar o estado de saúde, o acesso a oportunidades educativas e à habitação, e a escolha da localização (Reckien *et al.*, 2018; The Marmot Review, 2010). Pertencer a uma determinada categoria social pode também aumentar a probabilidade de enfrentar discriminação, o que - juntamente com as desigualdades em termos de saúde, riqueza e acesso a oportunidades - aumenta a vulnerabilidade das pessoas e reduz a sua capacidade de se adaptarem a circunstâncias em mudança (Reckien *et al.*, 2018).

No discurso político, a desigualdade é geralmente considerada indesejável, sendo a desigualdade económica, em particular, cada vez mais reconhecida como uma barreira ao crescimento económico e à estabilidade política (Dabla-Norris, Kochhar, Suphaphiphat, Ricka e Tsounta, 2015; Organização para a Cooperação e Desenvolvimento Económico [OCDE], 2015; Pickett e Wilkinson, 2015; Piketty, 2014; Stiglitz, 2015), ao desenvolvimento internacional (Ramos Pinto, 2013) e a uma maior ambição climática (Klinsky e Winkler, 2018). A redução da desigualdade e da pobreza constitui, assim, um importante objetivo macroeconómico e de desenvolvimento (OCDE, 2015; Ramos Pinto, 2013).

A igualdade (ou desigualdade) é frequentemente discutida em relação à 'equidade', mas estes dois conceitos têm uma diferença qualitativa importante. Enquanto a distribuição "igual" implicaria a atribuição dos mesmos recursos a todos, a distribuição "equitativa" implica a atribuição de recursos de acordo com o nível de necessidade, dando prioridade àqueles cujo nível de necessidade é considerado maior. Os resultados "equitativos" e "equitativos" são, por conseguinte, alcançados através de processos que têm em conta as desigualdades existentes, ou seja, os pontos de partida desiguais, e que se esforçam por superá-los. Na política social, a "equidade" implica conceber e implementar políticas de uma forma que procure ativamente melhorar as circunstâncias dos grupos mais vulneráveis (Ekins, Pollitt, Barton e Blobel, 2011; Reckien *et al.,* 2018).

No discurso sobre as alterações climáticas, a desigualdade e a equidade são normalmente mencionadas em referência à distribuição não equitativa dos custos (incluindo económicos e sociais) e dos benefícios das alterações climáticas e das políticas relativas às alterações climáticas, frequentemente em todo o mundo. As populações mais pobres e marginalizadas (como os povos indígenas) são menos responsáveis pelas emissões passadas de gases com efeito de estufa (benefícios), mais vulneráveis às alterações climáticas (custos) e possuem menos recursos para se adaptarem a fenómenos climáticos extremos e ao aumento das temperaturas (Brugnach, Craps e Dewulf, 2017; Klinsky e Winkler, 2018; Klinsky *at al.,* 2016; Marino e Ribot, 2012; Ramos-Castillo, Castellanos e GallowayMcLean, 2017). Nos últimos anos, tem sido dada cada vez mais atenção aos riscos associados às alterações climáticas que podem exacerbar as desigualdades e aos obstáculos que isso representaria para a realização dos ODS (por exemplo, Hallegatte e Rozenberg, 2017; Lövin e Bamsey, 2017; Winsemius *et al.,* 2018). No entanto, tem sido dada menos atenção aos efeitos potencialmente adversos das políticas de mitigação das alterações climáticas sobre a desigualdade (Alber *at al.,* 2017; Brugnach *et al.,* 2017; Klinsky e Winkler, 2018; Ramos-Castillo *et al.,* 2017), embora a investigação neste domínio tenha progredido no segundo semestre de 2018. Por exemplo, uma avaliação recente da equidade e da justiça ambiental no contexto das alterações climáticas urbanas chamou a atenção para a forma como as desigualdades existentes resultam numa vulnerabilidade diferencial às alterações climáticas, salientando a necessidade de as políticas climáticas urbanas "incluírem a equidade e a justiça ambiental como objectivos primordiais a longo prazo" (Reckien *et al.,* 2018). O conceito de "transição justa", que surgiu para sublinhar a necessidade de equidade e justiça para sustentar a transição para uma economia de baixo carbono, também ganhou impulso nos últimos anos. Expandindo a partir do foco inicial na transição industrial e nos direitos dos trabalhadores, a transição justa é agora cada vez mais reconhecida como tendo um mandato em vários aspectos da transição, incluindo os impactos distributivos da política de alterações climáticas de forma mais ampla (IMPACT, 2017; Organização Internacional do Trabalho, 2015; Jakob e Steckel, 2014; Newell & Mulvaney, 2013).

A importância de considerar os aspectos sociais para obter aprovação para a transição Iowcarbon e a necessidade de fornecer apoio adequado aos indivíduos e comunidades afectados negativamente foi reconhecida na Declaração de Solidariedade e Transição Justa da Silésia, adoptada na Conferência sobre Alterações Climáticas de Katowice (COP24) em dezembro de 2018. Embora a literatura académica distinga entre várias formas de equidade, o foco deste documento está nos aspectos da equidade baseados nos resultados, tal como definido por Reckien *et al.* (2018), ou seja, a equitabilidade3 na distribuição dos custos e benefícios das políticas entre indivíduos de diferentes grupos sociais ou categorias de rendimento, entre agregados familiares dentro de uma comunidade ou comunidades numa determinada área. A equidade baseada nos resultados é reconhecida como importante nos países desenvolvidos, bem como nas economias emergentes e nos países em desenvolvimento (Reckien *et al.,* 2018). Alguns grupos, como os migrantes, as minorias étnicas e os agregados familiares com baixos rendimentos, estão quase universalmente menos envolvidos nos processos de tomada de decisão, estando simultaneamente mais expostos aos impactos negativos de políticas mal concebidas e/ou implementadas (Bhatta, Karna, Dev. e Springate-Bagniski, 2008; Brugnach *et al.*, 2017; Marino e Ribot, 2012; Nhantumbo e Camargo, 2015). O Acordo de Paris e as diretrizes europeias para a preparação de políticas sublinham a necessidade de considerar os efeitos das alterações climáticas e as suas estratégias de mitigação nas populações vulneráveis (Bee, 2017; Comissão Europeia, 2015; UNFCCC, 2015). No entanto, não existe uma definição explícita e partilhada internacionalmente para "populações vulneráveis" (Alber *et al.*, 2017; Mazorra, Lumbreras, Fernández e de la Sota, 2017).

2.1.7 Sinergias entre atenuação e adaptação

Definidas na CQNUAC como as duas opções de resposta às alterações climáticas induzidas pelo homem, a atenuação e a adaptação representam duas abordagens fundamentalmente diferentes. As diferenças e o potencial conflito entre as duas abordagens estão atualmente bem documentados e têm sido considerados como uma caraterística importante da literatura sobre alterações climáticas (Cohen *et al.*, 1998).

As duas opções diferem uma da outra em pelo menos três aspectos importantes. A primeira diferença entre atenuação e adaptação está relacionada com as escalas espaciais e temporais em que são eficazes. Embora possam ser aplicadas à mesma escala local ou regional, a atenuação tem benefícios globais, enquanto a adaptação funciona normalmente à escala de um sistema afetado, que é, na melhor das hipóteses, regional, mas sobretudo local. Além disso, os benefícios das actividades de atenuação realizadas hoje serão evidenciados dentro de várias décadas, devido ao longo tempo de permanência dos gases com efeito de estufa na atmosfera, ao passo que muitas medidas de adaptação seriam imediatamente eficazes e produziriam benefícios ao reduzir a vulnerabilidade à variabilidade climática. medida que as alterações climáticas prosseguem, aumentam também os benefícios da adaptação (Klein *et al.*, 2005).

A segunda diferença entre atenuação e adaptação é a medida em que os seus custos e, em particular, os seus benefícios podem ser determinados, comparados e agregados. Independentemente da diversidade de opções de atenuação, todas elas servem para reduzir as emissões de gases com efeito de estufa e, tendo em conta os seus benefícios globais, é irrelevante o local do mundo onde a atenuação tem lugar. Expressa em equivalentes de CO2, a redução de emissões conseguida pode ser comparada com a de outras opções de atenuação e, se os custos de aplicação forem conhecidos, a relação custo-eficácia dessas opções pode ser determinada e comparada (Moomaw *et al.,* 2001). Os benefícios da adaptação são mais difíceis de exprimir numa única métrica, impedindo comparações entre opções de adaptação. Os benefícios da adaptação podem ser em termos de danos monetários evitados, vidas humanas salvas, perdas de valores naturais e culturais evitadas, etc. Além disso, devido à natureza local ou regional da adaptação, os benefícios da adaptação serão valorizados de forma diferente consoante os contextos sociais, económicos e políticos em que ocorrem (Klein *et al,* 2005).

Mesmo quando se centra apenas nos benefícios monetários da adaptação, há desafios práticos à sua avaliação. Fankhauser (1998) e Callaway *at al.* (1998) mostram que, em princípio, os benefícios da adaptação são os custos dos danos relacionados com o clima que se evitam com a adoção de medidas de adaptação (partindo do princípio de que as alterações climáticas teriam consequências adversas). Assim, se se quantificarem os potenciais impactos das alterações climáticas num sistema, assumindo que não há adaptação, bem como os seus impactos residuais, assumindo a adaptação, os benefícios da adaptação são dados pela diferença entre os dois.

Ao valor assim obtido podem subtrair-se os custos de implementação das opções de adaptação para se chegar aos benefícios líquidos da adaptação. No entanto, tal como argumentado por Klein (2003), a prática de avaliar e comparar os benefícios da adaptação às alterações climáticas está repleta de dificuldades, por uma série de razões. A mais importante no contexto do presente documento é a dificuldade, se não mesmo a impossibilidade, de distinguir entre adaptação às alterações climáticas e adaptação à variabilidade climática. Ambos os tipos de adaptação são muito semelhantes por natureza e podem reforçar-se mutuamente.

Por exemplo, ambos os tipos de adaptação incluiriam a proteção contra fenómenos meteorológicos extremos e riscos conexos. Os fenómenos meteorológicos extremos ocorrem independentemente das alterações climáticas, mas é provável que a sua magnitude e frequência de ocorrência sejam afectadas em resultado das alterações climáticas.

A terceira diferença entre atenuação e adaptação diz respeito aos actores e tipos de políticas envolvidos na sua aplicação. A atenuação envolve principalmente os sectores da energia e dos transportes nos países industrializados e, cada vez mais, os sectores da energia e da silvicultura nos países em desenvolvimento. Além disso, o sector agrícola desempenha um papel na atenuação. Em comparação com a adaptação, o número de intervenientes sectoriais envolvidos na atenuação é limitado. Além disso, estão geralmente bem organizados, estreitamente ligados ao planeamento e à definição de políticas nacionais e habituados a tomar decisões de investimento a médio e longo prazo.

Na última década, os incentivos e oportunidades criados pela política climática nacional e internacional estimularam cada vez mais as actividades de atenuação dos sectores da energia e da silvicultura (Klein *et al.,* 2005).

Em contrapartida, os intervenientes na adaptação representam uma grande variedade de interesses sectoriais, incluindo a agricultura, o turismo e o lazer, a saúde humana, o abastecimento de água, a gestão costeira, o planeamento urbano e a conservação da natureza. Embora estes sectores tenham em comum o facto de serem potencialmente afectados pelas alterações climáticas, as decisões sobre a adaptação ou não são tomadas a diferentes níveis, desde os agricultores individuais até às agências nacionais de planeamento. Para estes actores, as alterações climáticas não são, normalmente, uma preocupação imediata. Além disso, apesar da magnitude potencial das alterações climáticas, têm frequentemente poucos incentivos para incorporar a adaptação no processo de tomada de decisões, quer porque as deficiências das políticas e do mercado não incentivam o planeamento a médio e longo prazo, quer porque as responsabilidades pela ação não são claras, quer ainda porque a adaptação diz respeito a bens colectivos como a segurança, a saúde humana e a integridade dos ecossistemas. As sinergias na política climática são criadas quando as medidas que controlam as concentrações atmosféricas de gases com efeito de estufa também reduzem os efeitos adversos das alterações climáticas, ou vice-versa. Essas medidas têm benefícios acessórios, o que produz situações vantajosas para todos (Kane e Shogren, 2000). Um exemplo clássico é a plantação de árvores em zonas urbanas: estas sequestram carbono à medida que crescem e reduzem o stress térmico urbano no verão (embora só quando as árvores são suficientemente grandes para criar uma área considerável de sombra; este é um exemplo em que a adaptação não tem benefícios imediatos). Nos últimos anos, têm sido exploradas mais sinergias entre a atenuação e a adaptação; a maioria combina a proteção ou o desenvolvimento das florestas com uma melhor utilização dos solos e a gestão das bacias hidrográficas, a conservação da natureza e a agrossilvicultura. Por exemplo, o Projeto de Ação Climática Noel Kempff Mercado, na Bolívia, tem o triplo objetivo de sequestrar CO_2, preservar um dos ecossistemas mais ricos e biologicamente mais diversificados do mundo e promover o desenvolvimento sustentável nas comunidades locais.

O projeto de 11 milhões de dólares, que se estende por mais de 1,5 milhões de hectares, é uma parceria entre o Governo da Bolívia, a Friends of Nature Foundation, a Nature Conservancy e três empresas de energia (American Electric Power, Pacifi Corp e BP Amoco).

O desenvolvimento de sinergias é procurado devido ao apelo intuitivo da implementação da política climática através da realização simultânea de actividades de atenuação e de adaptação. Além disso, liga a atenuação e a adaptação à gestão dos recursos naturais, à conservação da biodiversidade e às medidas de luta contra a desertificação. Assim, podem ser criadas sinergias não só entre a atenuação e a adaptação, mas também entre as medidas de aplicação da CQNUAC e os outros acordos internacionais em matéria de ambiente elaborados na Conferência das Nações Unidas sobre o Ambiente e o Desenvolvimento, realizada no Rio de Janeiro em 1992: a Convenção sobre a Diversidade Biológica, a Convenção de Combate à Desertificação e os Princípios Florestais (Programa das Nações Unidas para o Desenvolvimento [PNUD], 1997).

2.1.7 A combinação óptima de atenuação e adaptação

Uma vez estabelecidas as diferenças entre atenuação e adaptação, a presente secção examinará a necessidade de identificar a combinação ideal destas opções. Como já foi referido, a CQNUAC refere-se a ambas as opções e ambas são atualmente essenciais. Reconhecendo a finitude dos fundos e a necessidade de estabelecer compromissos entre os benefícios globais a longo prazo da atenuação e os benefícios locais imediatos da adaptação, surgiu a questão de saber exatamente qual a quantidade ideal de atenuação e adaptação e em que combinação. De facto, a Task Force para a Análise, Integração e Modelização Globais do Programa Internacional Geosfera-Biosfera incluiu esta questão na sua lista de 23 questões Hilbertianas1 , que estabelecem a agenda para a investigação do sistema terrestre (GAIM Task Force, 2002; Michaelowa, 2001).

É duvidoso que seja sensato referir-se à "combinação óptima" de atenuação e adaptação. De acordo com as conclusões do Terceiro Relatório de Avaliação do PIAC, encontrar o equilíbrio adequado entre atenuação e adaptação será um processo fastidioso e a combinação óptima de opções de resposta variará de país para país e ao longo do tempo, à medida que as condições e os custos locais forem mudando. Encontrar o equilíbrio será particularmente difícil devido a algumas caraterísticas únicas do problema; horizontes temporais longos; efeitos não lineares e irreversíveis; a natureza global do problema; diferenças sociais, económicas e geográficas entre as partes afectadas; e o facto de as instituições necessárias para abordar a questão só terem sido parcialmente formadas (Arrow *at al.,* 1996; ToTh *at al.,* 2001). Dadas estas caraterísticas, bem como os interesses, valores e preferências muito diferentes dentro das sociedades e entre elas, não existe uma combinação única e óptima de atenuação e adaptação. Além disso, a incerteza quanto às alterações climáticas e socioeconómicas afecta fortemente o resultado de qualquer exercício de otimização. Assim que estiverem disponíveis novas informações, a combinação óptima será diferente (Lempert *at al.,* 2000).

Por último, a combinação óptima variará em função dos critérios de decisão e do quadro aplicado para a determinar. ToTh *at al.* (2001) dão uma série de exemplos desses quadros, incluindo a análise custo-benefício, a análise custo-eficácia, a abordagem das janelas toleráveis, a teoria dos jogos e a análise multicritério. Cada quadro difere na forma como os pressupostos, critérios e juízos de valor são tratados e a escolha de um determinado quadro de decisão é essencialmente uma decisão política. No entanto, existe algum consenso de que, em condições de grande incerteza, a robustez, por oposição à otimização, é um melhor critério de tomada de decisão (Lempert e Schlesinger, 2000).

2.1.8 As alterações climáticas como ameaça ao desenvolvimento sustentável

As vias de resiliência climática reúnem (1) o desenvolvimento sustentável como o contexto mais alargado para as sociedades, regiões, nações e comunidade global com (2) os efeitos das alterações climáticas como ameaças (e possivelmente oportunidades) ao desenvolvimento sustentável e (3) respostas para reduzir quaisquer efeitos que possam comprometer o desenvolvimento futuro e até mesmo anular os ganhos já alcançados. A resiliência é definida neste relatório como a capacidade de um sistema social, ecológico ou socioecológico e dos seus componentes para antecipar, reduzir, acomodar ou recuperar dos efeitos de um acontecimento perigoso ou de uma tendência de forma atempada e eficiente. A resiliência climática refere-se aos resultados de processos evolutivos de gestão da mudança, a fim de reduzir as perturbações e aumentar as oportunidades. A consideração de vias alternativas de resiliência climática não pode ser separada dos níveis de alterações climáticas. De um modo geral, a maior parte dos cientistas, decisores e partes interessadas no domínio das alterações climáticas concordam que (1) existe um nível de alterações climáticas suficientemente baixo para que a resiliência climática da maior parte dos sistemas possa ser alcançada sem enormes esforços e uma adaptação transformacional generalizada; (2) existe um nível de alterações climáticas suficientemente elevado para que não se possa esperar que a resiliência climática consiga fazer face a impactes graves na maior parte dos sistemas (Rockstrom *et al.*, 2009); e (3) entre estes dois níveis, os desafios à resiliência climática aumentam à medida que o nível de alterações climáticas aumenta. No entanto, os cientistas não estão de acordo quanto à magnitude das alterações climáticas (por exemplo, o aquecimento global médio) que define cada um dos dois níveis. Alguns peritos defendem a opinião de que qualquer nível superior a 2°C implicaria impactes incompatíveis com o desenvolvimento sustentável (Metz *et al.*, 2002). O Resumo para os Decisores Políticos da Quarta Avaliação do Grupo de Trabalho II (WGII AR4) indicou que existe um limiar aproximado entre 2,5°C e 3°C de aquecimento, acima do qual as preocupações com o impacte são graves, mas abaixo do qual as preocupações são menos graves (IPCC, 2007, ver também Smith *at al.*, 2009). Outros cientistas não estão convencidos de que as sensibilidades do sistema aos parâmetros climáticos, como o aumento da temperatura, sejam suficientemente bem compreendidas para suportar qualquer limiar de aquecimento específico (por exemplo, National Research Council, 2010c), e alguns cientistas e decisores políticos não estão convencidos de que a gestão adaptativa e as capacidades de resposta adaptativa sejam suficientemente bem compreendidas para suportar determinações de limites à adaptação e à resiliência. No entanto, a maioria dos especialistas dos três grupos concorda que as perspectivas de vias de desenvolvimento resilientes ao clima estão fundamentalmente relacionadas com o que o mundo conseguir com a mitigação das alterações climáticas (New *at al.*, 2012).

2.1.9 Ligações entre o desenvolvimento sustentável e as alterações climáticas

Diferentes actores têm utilizado o conceito de desenvolvimento sustentável para prosseguir uma variedade de objectivos em termos de políticas e práticas em todo o mundo, com o denominador comum de proporcionar um melhor bem-estar humano, mantendo simultaneamente os serviços ambientais (Sen, 1999; Morgan e Farsides, 2009; VonBernard e Gorbaran, 2010). O "desenvolvimento sustentável" é um conceito enraizado nas preocupações com o equilíbrio das relações entre a sociedade e a natureza (Brown, 1981). O Relatório Brundtland (Comissão Mundial sobre o Ambiente e o Desenvolvimento [WCED], 1987) define a ideia como "um desenvolvimento que satisfaz as necessidades do presente sem comprometer a capacidade das gerações futuras de satisfazerem as suas próprias necessidades". Contém dois conceitos-chave de "necessidades": em particular, as necessidades essenciais dos mais pobres do mundo, às quais deve ser dada prioridade absoluta; e a ideia das limitações impostas pelo estado da tecnologia e da organização social à capacidade do ambiente para satisfazer as necessidades presentes e futuras (Rao, 2000). Sublinha que o desenvolvimento económico equitativo é fundamental para resolver os problemas ambientais, tanto nas regiões em desenvolvimento como nas regiões desenvolvidas, de forma sustentável a longo prazo (Halsnaes *at al.*, 2008; Lafferty e Meadowcroft, 2010). Historicamente, a política e a ciência influenciaram subsequentemente o desenvolvimento do conceito. As preocupações com o declínio da qualidade ambiental e o aumento do crescimento populacional, associados a taxas de consumo crescentes (energia, recursos naturais, padrões de vida com uso intensivo de factores de produção), motivaram mudanças em alguns países, relacionadas, por exemplo, com (i) normas de qualidade da água e do ar, (ii) gestão de materiais perigosos, (iii) alterações na regulamentação (embora alguma literatura afirme que os actuais controlos e ligações institucionais são contraproducentes (Barker, 2008; O'Hara, 2009; Scrieciu *at al,* 2013), (iii)Práticas agrícolas e industriais, (iv)Gestão da água e dos resíduos sólidos, (v)Um movimento em direção a uma maior eficiência na utilização dos recursos, incluindo a reciclagem e (vi)Uma ênfase na eficiência energética, progredindo em direção às energias renováveis como alternativa aos recursos de combustíveis fósseis não renováveis (Frey e Linke, 2002). Neste contexto, o discurso e a prática globais ajudaram a estabelecer princípios e planos ambiciosos. Os exemplos incluem a Agenda 21, que é um plano de ação abrangente adotado na Cimeira da Terra de 1992 por mais de 178 governos (Sitarz, 1994) e a conferência "Rio+20" de 2012, que emitiu uma declaração instando os países a renovar o seu compromisso com o desenvolvimento sustentável.A melhoria da compreensão das implicações a curto e longo prazo das alterações climáticas e dos fenómenos extremos (Primeiro Relatório de Avaliação do IPCC (FAR), Segundo Relatório de Avaliação (SAR), Terceiro Relatório de Avaliação (TAR), AR4, Relatório Especial sobre a Gestão dos Riscos de Acontecimentos Extremos e Catástrofes para o Avanço da Adaptação às Alterações Climáticas (SREX)) influenciou as conceptualizações de desenvolvimento sustentável e objectivos conexos, como a redução da pobreza, a saúde, os meios de subsistência e a segurança alimentar, e outros aspectos do bem-estar humano relacionados com a ideia de "desenvolvimento resiliente ao clima". Estes debates ocorreram no contexto de uma compreensão emergente dos "direitos ao desenvolvimento" (artigo 2.º da CQNUAC), justaposta à falta de consenso sobre padrões de consumo justificáveis e ao reconhecimento de que os processos de desenvolvimento alteraram os sistemas ambientais globais, incluindo os climas (Crutzen e Stoermer, 2000; IPCC, 2007a, 2012; Oliver-Smith *at al.,* 2012). No entanto, na prática, algumas autoridades nacionais interpretam o desenvolvimento sustentável como a prossecução do desenvolvimento económico atual

(Yohe, 2012), uma vez que muitos países aspiram a modelos de desenvolvimento intensivos em carbono semelhantes aos sistemas em vigor na maioria dos países industrializados - desde a produção, comércio e transporte de alimentos até ao consumo doméstico (Grist, 2008; Brown, 2011; Sanwal, 2012).

Em contraste, para muitos observadores, os modelos de desenvolvimento com uso intensivo de carbono nos países industrializados e em desenvolvimento parecem amplamente inconsistentes com objectivos como a redução da pobreza, a melhoria da saúde humana e a garantia de alimentos e meios de subsistência associados à ideia de desenvolvimento sustentável (Ehrenfeld, 2008; Grist, 2008; Marston, 2012; ver também Victor e Rosenbluth, 2007; Victor, 2008) e com os esforços para definir e estabelecer "espaços operacionais seguros" para a humanidade (Röckstrom *at al.*, 2009; Preston *et al.*, 2013).

Embora sejam utilizadas diversas interpretações do conceito, a literatura sugere que muitos indicadores do bem-estar humano já estão a ser comprometidos, em certa medida e a diferentes escalas, por factores de stress relacionados com o clima. Uma forma de as vias de desenvolvimento sustentável contribuírem para a resiliência climática é a prossecução de padrões de consumo que assegurem o desenvolvimento social e económico, reduzindo simultaneamente a utilização dos recursos naturais e mantendo os serviços ecossistémicos. É possível que os objectivos de consumo desejados possam ser atingidos de formas que exijam menos recursos e produzam menos emissões (Kates, 2000).

As ideias sobre equidade e valores desempenham um papel importante no desenvolvimento sustentável e na forma como os decisores políticos encaram as soluções de compromisso com o objetivo de melhorar o bem-estar humano. Em muitos casos, o crescimento do consumo que aumenta o bem-estar humano (como a alimentação e os serviços de saúde), especialmente entre as populações com rendimentos que aumentam a partir de níveis baixos, é um catalisador do desenvolvimento económico e social (Clark *et al.,* 2008; Deaton, 2008). Em contrapartida, para as populações que já se encontram em níveis de consumo elevados, o aumento do consumo material não se traduz necessariamente num maior bem-estar (Easterlin, 1974, 2001; Adger, 2010). Esta observação reflecte-se na investigação sobre a felicidade humana subjectiva, a satisfação e o conforto material (DeLeire e Kalil, 2010).

2.1.10 Contribuições para a resiliência através de respostas às alterações climáticas Mitigação

Nos relatórios de avaliação do IPCC, a atenuação é o tema do WGIII, para o qual os leitores são remetidos para obterem informações exaustivas sobre as opções e estratégias para reduzir as emissões de gases com efeito de estufa (GEE) e aumentar a sua absorção pelo sistema terrestre (IPCC, 2007). Em termos gerais, a mitigação é reconhecida como sendo importante para o desenvolvimento sustentável de duas formas (Riahi, 2000). Em primeiro lugar, reduz a taxa e a magnitude das alterações climáticas, o que reduz as pressões relacionadas com o clima sobre o desenvolvimento sustentável, incluindo os efeitos de fenómenos meteorológicos e climáticos extremos (Washington *at al,* 2009; Lenton, 2011b; IPCC, 2012). Mas observações recentes sobre a taxa de aumento das emissões globais de dióxido de carbono (por exemplo, Peters *et al.,* 2013) sugerem que o desafio de estabilizar as concentrações está a aumentar.

Em segundo lugar, as trajectórias de mudança tecnológica e institucional para reduzir as emissões líquidas de GEE interagem com as trajectórias de desenvolvimento. Em alguns casos, os compromissos nacionais para atingir as metas de mitigação podem ser congruentes com o desenvolvimento sustentável em ambientes urbanos, como as estratégias de crescimento verde que reduzem a poluição atmosférica local e regional, aumentando as perspectivas de governação a vários níveis e de gestão integrada dos recursos e incentivando uma participação mais ampla nos processos de desenvolvimento (Lebel, 2005; Seto *et al.,* 2010). Noutros casos, efeitos como o aumento dos preços da energia associado às transições dos combustíveis fósseis para as fontes de energia renováveis têm o potencial de ter efeitos adversos no desenvolvimento económico e social local e regional (IPCC, 2011).

O desafio para as vias resilientes às alterações climáticas consiste em identificar e implementar combinações de opções tecnológicas e de governação que reduzam as emissões líquidas de carbono e, ao mesmo tempo, apoiem um crescimento económico e social sustentável num contexto em que as crescentes exigências de desenvolvimento económico e social têm de ser combinadas com transições tecnológicas sem perturbar o processo de desenvolvimento.

Por exemplo, estratégias como o aumento da absorção de carbono e a diminuição das perdas de carbono no solo através de melhores práticas de gestão agrícola - que podem reduzir as emissões líquidas - podem melhorar a capacidade de armazenamento de água no solo. Práticas como a lavoura de conservação podem também aumentar a retenção de água em condições de seca e ajudar a sequestrar carbono nos solos (Halsnaes *et al.,* 2008). Em muitos casos, porém, este desafio continua a ser muito difícil de enfrentar.

A mitigação e o desenvolvimento também interagem de uma terceira forma, na medida em que as capacidades dos diferentes grupos e países para implementarem a mitigação dependem fundamentalmente da sua "capacidade de mitigação" (Yohe, 2001): a sua "capacidade de reduzir as emissões antropogénicas de gases com efeito de estufa ou de aumentar os sumidouros naturais" e as "aptidões, competências, aptidões e proficiências que um país atingiu e que podem contribuir para a mitigação das emissões de GEE" (Winkler *et al.,* 2007). Neste caso, muitos dos factores determinantes da capacidade de atenuação são fundamentalmente moldados pelos diferentes níveis de desenvolvimento dos países, incluindo o seu nível atual de emissões; a sua reserva de capital humano, financeiro e tecnológico, como a capacidade de pagar pela atenuação; a magnitude e o custo das oportunidades de atenuação disponíveis; a eficácia regulamentar e as regras de mercado; a base de educação e competências; o conjunto de tecnologias de atenuação disponíveis; a capacidade de absorver novas tecnologias; e o nível de desenvolvimento das infra-estruturas.

Adaptação

Nesta secção, centramo-nos na intersecção entre a adaptação e o desenvolvimento sustentável. Em geral, a adaptação ao clima e o desenvolvimento sustentável estão ligados de várias formas: em primeiro lugar, muitos dos factores determinantes da capacidade de adaptação para responder ao impacto climático e os indicadores de desenvolvimento sustentável sobrepõem-se; em segundo lugar, o desenvolvimento da capacidade de adaptação pode contribuir de forma crítica para o bem-estar dos sistemas sociais e ecológicos; e, em terceiro lugar, o desenvolvimento da capacidade de adaptação num quadro de desenvolvimento sustentável pode exigir mudanças transformacionais (Dovers e Hezri, 2010; Kates *at al.,* 2012; Lemos *et al.,* 2013).

Em todo o mundo, a capacidade das comunidades e dos indivíduos para responderem às alterações climáticas baseia-se numa série de capacidades (por exemplo, capital humano, informação e tecnologia, recursos materiais e infra-estruturas, capital organizacional e social, capital político, riqueza e capital financeiro, instituições e direitos) que normalmente se sobrepõem aos indicadores de desenvolvimento (Smit e Pilifozofa, 2001; Yohe e Tol, 2002; Eakin e Lemos, 2006).

No entanto, a criação destas capacidades, tanto em regiões desenvolvidas como em regiões menos desenvolvidas, tem implicações para o desenvolvimento sustentável, porque pode aumentar o consumo de materiais e criar potenciais efeitos negativos nos ecossistemas (por exemplo, construção de novas infra-estruturas e aumento do consumo). Em termos de governação, a adaptação às alterações climáticas e o desenvolvimento sustentável partilham muitas caraterísticas (questões de escalas espaciais e temporais, incerteza, jurisdições mal definidas; Dovers e Hezri, 2010), e a conceção e implementação de intervenções bem sucedidas exigem diferentes tipos de capacidades, incluindo estruturas políticas e administrativas (Eakin e Lemos, 2006; Wilbanks *et al.*, 2007). O reforço da capacidade de adaptação pode contribuir de forma crítica para a melhoria do bem-estar dos sistemas sociais e ecológicos, melhorando os meios de subsistência e reduzindo a pressão sobre o ambiente, especialmente nas regiões menos desenvolvidas. No que respeita aos sistemas sociais, é importante considerar não só os factores que

É fundamental compreender como as diferentes capacidades se influenciam mutuamente, de forma positiva e negativa (Lemos *et al., 2013*), e como podem afetar a resiliência a longo prazo dos sistemas socioecológicos (Adger *et al.*, 2013). É igualmente vital compreender como as diferentes capacidades se influenciam mutuamente, de forma positiva e negativa (Lemos *et al.*, 2013), e como podem afetar a resiliência a longo prazo dos sistemas socioecológicos (Adger *et al.*, 2011; Caixa 20-5). De facto, a adaptação pode ser importante para reduzir as pressões sobre os processos de desenvolvimento, especialmente em áreas vulneráveis, onde pode ajudar a promover e apoiar o desenvolvimento sustentável. Por exemplo, quando o planeamento da adaptação estimula processos sociais participativos, incluindo a equidade e a legitimidade, bem como discussões sobre diferentes opções de adaptação, pode incentivar as comunidades a pensar mais claramente sobre objectivos e vias de desenvolvimento sustentável mais amplos (National Research Council, 2010). Dadas as tendências recentes das emissões de GEE e as projecções de futuros climáticos que sugerem que os impactos das alterações climáticas serão graves e generalizados (por exemplo, Auerswald *at al.*, 2011; Smith *et al.*, 2011), a adaptação pode exigir que se considerem mudanças transformacionais, nas quais os sistemas potencialmente afectados passam a ter padrões, dinâmicas e/ou localizações fundamentalmente novos (Schipper, 2007; Kates *at al.*, 2012; Marshall *et al.*, 2012; Park *et al.*, 2012). As estratégias de adaptação desejáveis podem variar de acordo com os tipos específicos de ameaça das alterações climáticas, a localização, o sistema afetado, a escala geográfica de atenção e o período de tempo do planeamento estratégico da gestão dos riscos

(Thomalla *et al.*, 2006; Heltberg *at al,* 2009; National Research Council, 2010). A política de adaptação transformacional a diferentes escalas tem de ter em consideração os objectivos do desenvolvimento sustentável, tanto ao promover sinergias positivas como ao evitar retroacções negativas entre eles. Isto é especialmente importante porque algumas opções de adaptação podem conduzir a resultados injustos e insustentáveis, e algumas adaptações a uma escala podem afetar negativamente a vulnerabilidade noutra (Thomas e Twyman, 2005; Eriksen *et al.*, 2011; Eriksen e Brown, 2011). Por exemplo, nos EUA, a criação de capacidade de adaptação para a gestão da água através de planos de preparação para a seca a uma escala (o nível estatal) pode limitar a flexibilidade dos gestores a escalas inferiores (sistemas hídricos comunitários) para responderem com êxito à seca (Engle, 2013). De facto, as vias de adaptação podem promover a segurança alimentar e hídrica, a saúde humana, a qualidade do ar e da água e a gestão dos recursos naturais, ao mesmo tempo que promovem a igualdade de género e outros resultados desejáveis consistentes com os objectivos de desenvolvimento sustentável. No entanto, a criação das condições para o surgimento de tais resultados exigirá uma melhor integração na implementação de políticas e programas em todas as escalas.

Ao selecionar materiais não nocivos para o ambiente, ao promover a conservação de energia, água e outros recursos, ao promover a reutilização e a reciclagem, ao minimizar a produção de resíduos, ao proteger o habitat e ao dar resposta às necessidades dos grupos marginalizados, a adaptação pode contribuir para opções vantajosas para todos e triplamente vantajosas que podem apoiar uma série diversificada de objectivos de desenvolvimento (Bizikova *et al.*, 2007; Seto *at al,* 2010).

2.1.11 Integrar a adaptação e a atenuação das alterações climáticas para uma gestão sustentável dos riscos

Uma vez que tanto a adaptação como a mitigação fazem parte de caminhos resilientes ao clima, e porque cada uma delas beneficia do progresso da outra, a integração dos dois tipos de respostas às alterações climáticas no contexto mais vasto do desenvolvimento sustentável tem sido sugerida como um objetivo ambicioso (Wilbanks *et al.*, 2007; Bizikova *et al.*, 2010), especialmente quando a atenção política e os compromissos financeiros para com as respostas às alterações climáticas têm de considerar a prossecução tanto da adaptação como da mitigação. Na prática, porém, a mitigação e a adaptação tendem a envolver diferentes prazos, comunidades de interesse e responsabilidades de tomada de decisões (IPCC, 2007; Wilbanks *et al.*, 2007). A integração das respostas às alterações climáticas nos processos de desenvolvimento é um outro objetivo ambicioso. Estudos recentes sugerem que a atenuação e a adaptação são provavelmente mais eficazes quando são concebidas e implementadas no contexto de outras intervenções no âmbito mais vasto da sustentabilidade e da resiliência (Wilbanks e Kates, 2010; Banco Asiático de Desenvolvimento (BAD) e Instituto do Banco Asiático de Desenvolvimento (ADBI), 2012). Além disso, os estudos centrados na intersecção entre o desenvolvimento sustentável e a política climática salientam que a integração entre os dois é um caminho desejável, embora complexo; Robinson *et al.*, 2006; Swartand Raes, 2007; Wilson e McDaniels, 2007; Halsnaes *et al.*, 2008; Ayers e Huq, 2009).

Wilson e McDaniels sugerem três razões para integrar a adaptação, a atenuação e o desenvolvimento sustentável: (1) muitas dimensões dos valores que são importantes para a tomada de decisões são comuns aos três contextos de decisão; (2) os impactos de qualquer um dos três contextos de decisão podem ter consequências importantes para os outros; e (3) a escolha entre alternativas num contexto pode ser um meio para alcançar os valores subjacentes importantes nos outros.

Um fator essencial para integrar a adaptação e a atenuação das alterações climáticas na gestão sustentável dos riscos é compreender os processos de tomada de decisões a diferentes escalas. A distribuição dos custos e benefícios da atenuação e da adaptação é diferente; por exemplo, os benefícios da atenuação são mais globais, os benefícios da adaptação são muitas vezes mais localizados, os discursos da investigação e das políticas não estão muitas vezes relacionados e os círculos eleitorais e os decisores são muitas vezes diferentes (a atenuação pode envolver poderosos intervenientes industriais do sector da energia concentrados em níveis mais elevados de tomada de decisões, enquanto a adaptação pode envolver intervenientes mais dispersos a nível local em todos os sectores) (Wilbanks *et al.*, 2007). Para reduzir significativamente as emissões globais totais, as decisões de atenuação devem ser tomadas quer pelos principais emissores, quer por grupos de países. A nível nacional e internacional, as responsabilidades diretas de reduzir os principais factores das alterações climáticas globais estão dispersas pelos países (Banerjee, 2012). Em contrapartida, a adaptação recai muitas vezes sobre os profissionais, onde a responsabilidade local é mais clara, embora dependa frequentemente do apoio da escala nacional e global (Tanner e Allouche, 2011).

Em muitos casos, o desafio de promover sinergias e, ao mesmo tempo, evitar retroacções negativas, surge frequentemente em debates locais sobre as respostas às alterações climáticas e os objectivos de desenvolvimento, como as localidades e as pequenas regiões (Dang *et al,* 2003; Wilbanks, 2003; Bulkeley e Schroeder, 2012).

A nível mundial, um obstáculo particular é a prática de aplicar os recursos de atenuação disponíveis apenas para reduzir as emissões para além do que teria ocorrido sem esses recursos ("adicionalidade"), quando o acesso aos recursos para os esforços de adaptação deve ter em conta o papel fundamental dos co-benefícios no apoio ao desenvolvimento de outras formas, reduzindo simultaneamente as vulnerabilidades aos impactes das alterações climáticas (National Research Council, 2010). As escolhas na integração da adaptação e da atenuação variam em função das circunstâncias de cada país e de cada localidade (Wilbanks, 2003; De Boer *et al.*, 2010). Nos países altamente vulneráveis, a adaptação pode ser considerada a prioridade máxima, porque há benefícios imediatos a obter reduzindo as vulnerabilidades à variabilidade e aos extremos climáticos actuais, bem como às alterações climáticas futuras. No caso dos países desenvolvidos, as iniciativas de adaptação têm sido frequentemente consideradas como uma prioridade menor, porque se considera que existe uma capacidade de adaptação abundante (Naess *et al.*, 2005). No entanto, as grandes perdas e danos em alguns países industrializados relacionados com a variabilidade e os extremos climáticos desafiam esta perceção (por exemplo, o furacão Sandy, os tornados e a seca nos Estados Unidos da América (EUA) em 2011 e 2012). A mitigação pode ser vista como uma questão política mais aguda, envolvendo partes interessadas bem organizadas e preocupadas com os custos em países que contribuem com uma grande proporção das emissões de GEE (National Research Council, 2011), e pode ser vista como uma oportunidade de investimento para o sector privado nacional.

2.1.12 Resolver os compromissos entre os objectivos económicos e ambientais

As vias de desenvolvimento sustentável serão mais resistentes ao clima se desenvolverem e utilizarem estruturas socioeconómicas e institucionais que sejam eficazes na resolução de compromissos entre objectivos sociais, económicos e ambientais, um princípio central do desenvolvimento sustentável. Como as alterações climáticas colocam riscos para objectivos como a redução da pobreza, a segurança alimentar e dos meios de subsistência, a saúde humana e a prosperidade económica, as sociedades enfrentam a tarefa de definir como gerir esses riscos e quais os níveis de risco sem comprometer o que mais valorizam e o que define as suas sociedades. A gestão do risco e a ponderação das várias categorias de risco dependem das definições sociais das consequências que são aceitáveis, toleráveis ou intoleráveis. Há muito que se parte do princípio de que o crescimento económico está em conflito com a gestão ambiental (Victor e Rosenbluth, 2007; Hueting, 2010). Grande parte deste pensamento remonta a Malthus e às suas afirmações de que o crescimento da população (e o consumo associado) se expandiria a um ritmo crescente até serem atingidos os limites da capacidade da Terra (Malthus, 1798). Os pontos de vista expostos no Relatório Brundtland, por exemplo, são de que o desenvolvimento não deve ser ilimitado, mas sim modificado para uma forma "sustentável" (WCED, 1987). Os pontos de vista sobre as relações entre o crescimento económico e a proteção ambiental variam muito, desde os argumentos de que o desenvolvimento sustentável é inconsistente com o crescimento económico contínuo (por exemplo, Robinson, 2004) até aos argumentos de que o crescimento económico e a inovação tecnológica associada podem aumentar as opções de gestão ambiental (Lovins e Cohen, 2011). As relações entre a afluência e a proteção ambiental são complexas, uma vez que a pobreza pode conduzir à degradação dos solos e a afluência pode permitir apoiar a preservação da natureza, enquanto o crescimento económico se baseia em níveis de extração e utilização de recursos que exigem alterações significativas nos ambientes. O desenvolvimento sustentável não pode escapar às tensões contínuas entre o crescimento económico e os objectivos de gestão ambiental, em que as opiniões fortemente defendidas na sociedade diferem muitas vezes de forma tão fundamental que o conflito resulta, a menos que os processos sociais e os mecanismos institucionais sejam eficazes na resolução de uma série de compromissos (Boyd *at al.,* 2008), com valores e processos que variam de acordo com o contexto de desenvolvimento. Exemplos de quadros de pensamento frequentemente relacionados com a abordagem dos trade-offs são a avaliação multimétrica e os co-benefícios (ver também Ness *at al.,* 2007, relativamente a ferramentas de avaliação da sustentabilidade (Bizikova *at al.,* 2008; Gulledge *et al.,* 2010): (i) Avaliação multimétrica.

Na avaliação das vias de desenvolvimento, é frequentemente necessário combinar várias dimensões associadas a diferentes métricas de avaliação e requisitos de informação, tais como medidas monetárias de retorno e métricas não monetárias de risco. Domínios que vão da ecologia aquática à avaliação de riscos e à gestão financeira desenvolveram ferramentas para estas avaliações complexas, incluindo o mapeamento gráfico (por exemplo, Sheppard e Meitner, 2005; Rose,

2010; Moed e Plume, 2011; UNFCCC, 2011) e a construção de índices multimétricos (por exemplo, Johnston *at al.,* 2011). Os indicadores multimétricos têm sido amplamente estudados e criticados, e são um tópico ativo de investigação (por exemplo, Drouineau *at al.,*2012; Schoolmaster, 2013). Um dos principais desafios é a ponderação de diferentes avaliações que estão a ser combinadas quantitativamente, o que pode ser resolvido em parte através da construção de vários índices. No entanto, mais frequentemente na tomada de decisões colectivas, são utilizados processos de grupo analítico-deliberativos para avaliar, ponderar e combinar diferentes dimensões e métricas qualitativamente (National Research Council, 1996), (ii) Co-benefícios. Uma questão que se coloca tanto na política climática como na política de desenvolvimento, relacionada, em alguns casos, com o acesso ao apoio financeiro (por exemplo, Miller, 2008), é o facto de uma ação específica de reforço da resiliência poder ter benefícios tanto para o desenvolvimento como para a resposta às preocupações com as alterações climáticas. O financiamento internacional de projectos de atenuação tem adotado frequentemente o conceito de "adicionalidade", que defende que o apoio financeiro deve ser limitado aos benefícios da resposta às alterações climáticas que são adicionais ao que estaria a acontecer nos processos de desenvolvimento de outra forma (por exemplo, Muller, 2009). Este conceito geral (custos e benefícios "incrementais") também tem sido aplicado no apoio financeiro à adaptação. Uma abordagem de cobenefícios, por outro lado, defende a posição de que as acções que beneficiam simultaneamente o desenvolvimento e as respostas às alterações climáticas devem ser encorajadas e que uma combinação de ambos os tipos de benefícios deve aumentar a atratividade de uma ação proposta.

Os co-benefícios das acções de atenuação, como os benefícios para a saúde, foram amplamente analisados (Younger *at al.,* 2008; Agência de Avaliação Ambiental dos Países Baixos, 2009; OMS, 2011; Agência de Proteção Ambiental (EPA), 2012) e estão a ser ativamente explorados também para a adaptação (Conselho Nacional de Investigação, 2010a; UNFCCC, 2011). Como exemplo de co-benefícios, mecanismos como o REDD+ têm o potencial de reduzir as emissões de carbono e beneficiar os meios de subsistência das pessoas que vivem em áreas florestais, bem como apoiar os benefícios para a equidade social (Anglesen *et al.,* 2009; UNEP, 2013). Por exemplo, o governo da Etiópia reconheceu os múltiplos benefícios que podem ser obtidos e incorporou uma iniciativa REDD+ em sectores críticos da economia para desenvolver um caminho de crescimento ambientalmente sustentável na Etiópia (República Federal Democrática da Etiópia [FDRE], 2011). As ferramentas para analisar estas questões estão associadas à investigação sobre "externalidades" (por exemplo, Baumol e Oates, 1988; Klenow e Rodriguez-Clare, 2005; ver também o Capítulo 17 e as avaliações multimétricas acima), mas o planeamento participativo e a tomada de decisões incorporam normalmente uma perspetiva de co-benefícios. Na prática, os trade-offs entre diferentes objectivos de desenvolvimento (Stoorvogel *et al.,* 2004) podem ou não ser resolvidos de forma coerente (Metz *et al.,* 2002). Em muitos casos, as resoluções emergem através de processos sociais desordenados de evolução e desgaste, reflectindo dinâmicas de valores, poder, controlo e surpresas, e não através de uma análise formal (Bizikova *et al.,* 2008). Em alguns casos, os trade-offs são abordados com a ajuda do desenvolvimento de cenários, a criação de narrativas descritivas e outras projecções de contingências futuras (IPCC, 2012), juntamente com avaliações participativas da vulnerabilidade (National Research Council, 2010).

2.2 Revisão teórica

Várias teorias das ciências sociais, estudos ambientais e estudos de desenvolvimento podem ser aplicadas para compreender as percepções, comportamentos e participação da comunidade em projectos de mitigação e adaptação às alterações climáticas. Abaixo estão algumas teorias relevantes.

2.2.1 Teoria da mudança

A Teoria da Mudança (ToC) é uma metodologia abrangente utilizada no planeamento, implementação e avaliação de programas e projectos. Mapeia a sequência lógica dos passos necessários para alcançar um resultado desejado, fornecendo um quadro claro para compreender as relações causais entre as actividades, os produtos, os resultados e o impacto final.

A Teoria da Mudança não tem um único "proponente", mas atribui-se-lhe a evolução do trabalho de Carol Weiss na década de 1990. Weiss, uma socióloga e avaliadora, enfatizou a importância de identificar os pressupostos subjacentes aos programas e de compreender como esses pressupostos orientam os resultados previstos.

As suas ideias lançaram as bases para a aplicação moderna da ToC, particularmente na avaliação de programas e na avaliação do impacto. Ao longo do tempo, o conceito foi adotado e aperfeiçoado por várias organizações, incluindo agências de desenvolvimento, ONG e instituições multilaterais como a ONU e o Banco Mundial.

Exemplo de aplicação de ToC nas alterações climáticas

O projeto intitulado: *Reforçar a Resiliência das Comunidades Agrícolas Rurais à Variabilidade Climática na África Oriental* demonstra a aplicação eficaz da Teoria da Mudança (ToC).

O objetivo do projeto é reforçar a capacidade de resistência das comunidades agrícolas rurais aos desafios colocados pela variabilidade climática. A iniciativa aborda o problema dos padrões de precipitação imprevisíveis, que reduziram significativamente a produtividade agrícola na região.

Para fazer face a esta situação, foram implementadas várias intervenções. Os agricultores receberam formação sobre técnicas agrícolas inteligentes do ponto de vista climático, como a utilização de culturas resistentes à seca.

Foram criados sistemas de irrigação comunitários e introduzidos sistemas de alerta precoce para os padrões climáticos.

Estes esforços conduziram a resultados mensuráveis, incluindo a formação de 10 000 agricultores, a instalação de 200 sistemas de irrigação e a difusão semanal de informações meteorológicas.

Os resultados do projeto incluem a melhoria do rendimento das culturas, a redução das quebras de colheitas e o aumento dos rendimentos dos agricultores. Estes resultados contribuem coletivamente para o impacto a longo prazo do aumento da segurança alimentar e do reforço da resistência à variabilidade climática na região. No entanto, o êxito destas iniciativas baseia-se em determinados pressupostos: os agricultores devem adotar as novas técnicas e as infra-estruturas devem permanecer funcionais com custos dc manutenção mínimos.

Apesar dos seus êxitos, o projeto enfrenta riscos como os fenómenos climáticos extremos, como as inundações, que podem perturbar os sistemas, e o financiamento limitado do governo, que pode dificultar a expansão destas intervenções.

O uso de ToC nesta iniciativa de mudança climática oferece vários benefícios. Proporciona clareza ao associar acções a resultados através de um quadro estruturado. Promove a colaboração ao facilitar um entendimento partilhado entre as partes interessadas. A ToC também enfatiza abordagens baseadas em evidências, incentivando o uso de dados e pressupostos claros para justificar as intervenções. Além disso, a sua adaptabilidade permite ajustamentos à medida que as circunstâncias ou as provas evoluem, assegurando que o projeto continua a responder às necessidades em mudança.

Exemplo da Teoria da Mudança do FONERWA na prática
Uma aplicação notável da Teoria da Mudança (ToC) pelo Fundo Verde do Ruanda (FONERWA) é o projeto intitulado: reforço da Resiliência Climática no Distrito de Gicumbi.
O Fundo Verde do Ruanda (FONERWA) aplica a Teoria da Mudança (ToC) como uma ferramenta de planeamento estratégico e de avaliação para garantir que os seus projectos de alterações climáticas e de desenvolvimento sustentável são eficazes na consecução dos seus objectivos. Ao utilizar a ToC, o FONERWA alinha as suas actividades com as políticas climáticas nacionais do Ruanda e as prioridades de desenvolvimento, tais como a Visão 2050 e as Contribuições

Nacionalmente Determinadas (NDCs).
O principal objetivo desta iniciativa é aumentar a resistência ao clima e restaurar os ecossistemas no distrito.
Para alcançar este objetivo, foram implementadas várias intervenções, incluindo a reflorestação de áreas degradadas, a construção de terraços agrícolas para evitar a erosão do solo e a instalação de sistemas de recolha de águas pluviais para irrigação.

O projeto alcançou resultados significativos, tais como a reflorestação de 5.000 hectares de terra e o acesso de 10.000 famílias a sistemas de recolha de águas pluviais. Estas realizações contribuíram para os principais resultados, incluindo a melhoria da produtividade agrícola, a redução da vulnerabilidade às secas e a estabilização dos ecossistemas, que também registaram um aumento da biodiversidade. O impacto a longo prazo do projeto foi a criação de meios de subsistência sustentáveis para as comunidades locais e o aumento da resistência à variabilidade climática na região. A utilização de ToC pelo FONERWA é particularmente eficaz devido a vários factores. Em primeiro lugar, assegura o alinhamento estratégico ao alinhar os projectos com os objectivos climáticos nacionais e internacionais.
Em segundo lugar, fornece um quadro claro para a responsabilização, permitindo o acompanhamento e a comunicação dos impactos do projeto.

Em terceiro lugar, a ToC aumenta a adaptabilidade, permitindo que os projectos sejam aperfeiçoados com base nas lições aprendidas e na evolução dos desafios climáticos. Por último, facilita o envolvimento das partes interessadas, promovendo a colaboração e a comunicação entre as comunidades locais, as agências governamentais e os parceiros internacionais.

Este exemplo destaca a forma como o FONERWA utiliza os ToC para criar iniciativas de resiliência climática com impacto e sustentáveis.

Um dos maiores desafios para os profissionais é o facto de não existir uma definição única para a Teoria da Mudança (ToC); pode significar coisas diferentes para pessoas diferentes. Consequentemente, as expectativas sobre a forma como deve ser utilizada também diferem. Portanto, comecemos por aquilo em que há consenso.

Existe um amplo consenso na literatura sobre ToC de que se trata de um processo de planeamento que articula a forma como a mudança pode ser alcançada. Começa por definir o objetivo a longo prazo ou a declaração de visão ('a mudança que queremos que aconteça') e trabalha de trás para a frente para estabelecer sistematicamente cada passo ao longo de um 'caminho causal' - uma série de passos que conduzem ao objetivo a longo prazo (Pringle e Thomas, n.d.). Para muitas pessoas, 'Teoria da Mudança' não é um termo muito útil; soa académico (teórico) e vago. Por este motivo, a ToC é frequentemente reformulada. Por vezes, é descrita como um roteiro, uma vez que ajuda a definir um 'destino', como se espera lá chegar, os desafios que podem ser enfrentados e as suposições feitas sobre a natureza da viagem. De forma crítica, também reconhece que, como em qualquer viagem, pode deparar-se com desafios inesperados e ter de mudar de rota. Isto é consistente com o planeamento da adaptação, que é frequentemente descrito como um processo iterativo em que é necessário um ajustamento contínuo (Pringle e Thomas, n.d.). As pessoas falam sobre a ToC de maneiras diferentes, o que muitas vezes leva à confusão. van Es *et al.* (2015) identificam três maneiras diferentes de ver a ToC: 1) como uma forma de pensar ou uma abordagem global, 2) um processo (ou inquérito) e 3) um produto (geralmente um diagrama). Muitas vezes, os doadores e os profissionais concentram-se apenas na necessidade de um diagrama, mas o produto final só será útil se existir um processo eficaz. Outros problemas surgem quando os diagramas de ToC são desenvolvidos para uma proposta e depois abandonados; a ToC só se torna útil se for revisitada e utilizada para considerar e avaliar o progresso. Pense da seguinte forma: planearia o seu percurso para subir uma montanha e depois deixaria o mapa em casa?

Porque é que os ToC são úteis para um projeto de adaptação às alterações climáticas?

A ToC é adequada para questões complexas, multifacetadas e de longo prazo, uma vez que ajuda o utilizador a concentrar-se na questão "como é que eu faço a mudança acontecer?" em vez de "o que é que o meu projeto deve fazer?" Pode ajudar-nos a evitar cair na armadilha de conceber actividades com as quais estamos familiarizados e não as mais relevantes para a mudança que queremos alcançar. Por exemplo, consideramos muitas vezes os workshops como um meio de envolvimento das partes interessadas. No entanto, se o resultado pretendido for "manter uma sensibilização contínua para os riscos de catástrofes relacionadas com o clima nas comunidades costeiras", então pode ser considerada uma série de actividades alternativas, como a formação de guardas locais, professores ou membros da igreja local. Bours *et al* (2014) destacam uma série de outras razões pelas quais a ToC é uma ferramenta útil para o planeamento da adaptação climática

(i) A ToC incentiva a análise contextual - como é que a mudança pode acontecer num determinado local, sector ou grupo social, quais são as barreiras e os pressupostos neste contexto - que é consistente com o planeamento da adaptação. As alterações climáticas são uma questão global, mas a adaptação é específica ao contexto,

(ii) As CdC podem ligar diversos projectos e programas e reforçar as ligações entre sectores e escalas da Adaptação às Alterações Climáticas (AAC). Isto é valioso, dada a natureza multissectorial da adaptação e a crescente variedade de investimentos em adaptação que estão a ser feitos nos SID

(iii) A ToC foi concebida para ser iterativa e flexível e permite que os projectos respondam a mudanças no ambiente social, político ou natural. Isto é vital para os programas de adaptação, que precisam de se adaptar a condições dinâmicas e emergentes. Isto faz da ToC uma ferramenta valiosa para a monitorização e avaliação (M&E), bem como para o planeamento da adaptação, (iv) Há um forte enfoque nos pressupostos subjacentes a um programa e nos limiares que identificam o que é necessário para avançar em direção à mudança desejada. (v) Se for utilizado como parte do planeamento de projectos ou programas com as partes interessadas, pode incentivar um diálogo mais aberto sobre perspectivas e valores, conduzindo a uma visão partilhada e a relações mais fortes com os parceiros e as partes interessadas (vi) Ao discutir a lógica subjacente e a mudança que as partes interessadas desejam ver, os diferentes pontos de vista e perspectivas são revelados numa fase inicial. Isto ajuda a estabelecer expectativas partilhadas que podem evitar mal-entendidos, (vii) os ToC podem ser uma ferramenta de M&A valiosa. Devido à natureza de longo prazo das alterações climáticas, pode ser difícil determinar se os resultados são alcançados. As CdC proporcionam um meio de identificar as "lições aprendidas", que é uma forma crucial de construir a base de provas sobre a adaptação às alterações climáticas, (viiii) A natureza flexível das CdC pode ter em conta melhor as incertezas inerentes aos processos de adaptação. Ao monitorizar os pressupostos, as ToC são ágeis e fornecem provas de onde podem ser necessárias alterações em pontos-chave do processo do projeto.

2.2.2 Teorias relacionadas com as alterações climáticas

Ainda há muita investigação sobre o aquecimento global, no entanto, a natureza e as causas das alterações climáticas ainda não são bem compreendidas. Existem várias teorias que explicam o fenómeno das alterações climáticas, incluindo a teoria de Milankovitch, que descreve a relação entre o sol e a terra, e a *teoria astronómica*

O aquecimento não será globalmente uniforme, mas diferirá significativamente entre regiões geográficas. Além disso, o aquecimento pode variar entre estações. Consequentemente, os gradientes de temperatura alterados modificarão o padrão dos ventos e a distribuição da precipitação a nível regional. Os pormenores destas alterações localizadas não são claramente compreendidos. Espera-se, no entanto, que os interiores dos continentes se desloquem, deslocando os actuais padrões de produção agrícola. As pessoas estão a provocar esta mudança através da queima acelerada das vastas reservas naturais de carvão, petróleo e gás natural. Estes processos podem libertar milhares de milhões de toneladas de dióxido de carbono (CO2) todos os anos, alterando a composição da atmosfera e os seus comportamentos químicos e físicos, porque o CO2 é um gás com efeito de estufa que retém a radiação solar na troposfera, a atmosfera inferior. Acumulou-se juntamente com outros gases com efeito de estufa produzidos pelo homem, como o metano e os clorofluorocarbonetos (CFC). Se as tendências actuais se mantiverem, as concentrações atmosféricas de CO2 aumentarão para o dobro dos níveis pré-industriais durante este século. Isso será provavelmente suficiente para aumentar as temperaturas globais em cerca de 2°C a 5°C. É certo que haverá algum aquecimento, mas o seu grau será determinado pelas reacções que envolvem a fusão do gelo, os oceanos, o vapor de água, as nuvens e as alterações da vegetação. Outra teoria das alterações climáticas defende que as emissões humanas de gases com efeito de estufa, principalmente dióxido de carbono (CO2), metano e óxido nitroso, estão a causar um aumento catastrófico das temperaturas globais. O mecanismo através do qual isto acontece é designado por efeito de estufa reforçado. Chamamos a esta teoria "aquecimento global antropogénico" ou, abreviadamente, AGW (Bast, 2010). A energia do Sol viaja pelo espaço e chega à Terra. A atmosfera da Terra é maioritariamente transparente à luz solar que chega, permitindo que esta atinja a superfície do planeta, onde parte é absorvida e outra parte é reflectida como calor para a atmosfera. Certos gases na atmosfera, designados por "gases com efeito de estufa", absorvem a radiação térmica interna ou reflectida, o que faz com que a atmosfera da Terra se torne mais quente do que seria de outro modo (Bast, 2010).

Os defensores da teoria AGW afirmam que o aquecimento de cerca de 0,7°C no último século e meio e de cerca de 0,5°C nos últimos 30 anos é maioritariamente ou inteiramente atribuível aos gases com efeito de estufa produzidos pelo homem. Contestam ou ignoram as afirmações de que uma parte ou talvez a totalidade desse aumento poderá ser a recuperação contínua da Terra após a Pequena Idade do Gelo (1400-1800). Utilizam modelos informáticos baseados em princípios físicos, teorias e pressupostos para prever que uma duplicação do CO2 na atmosfera faria com que a temperatura da Terra aumentasse mais 3,0°C (5,4°F) até 2100 (Bast, 2010).

Quando estes modelos climáticos são executados "ao contrário", tendem a prever mais aquecimento do que o que realmente ocorreu, mas isto, argumentam os defensores da teoria, deve-se aos efeitos de arrefecimento dos aerossóis e da fuligem, que também são produtos da combustão de combustíveis fósseis. Os modelos também prevêem um maior aquecimento de uma camada da atmosfera (a troposfera) nos trópicos do que o observado pelas medições por satélite e radiosondas, mas os crentes na teoria AGW contestam os dados que mostram essa disparidade (Bast, 2010). Os defensores da teoria AGW acreditam que o CO2 produzido pelo homem é responsável por inundações, secas, condições climatéricas severas, quebras de colheitas, extinções de espécies, propagação de doenças, branqueamento de corais nos oceanos, fomes e, literalmente, centenas de outras catástrofes. Todas estas catástrofes tornar-se-ão mais frequentes e mais graves à medida que as temperaturas continuarem a aumentar, afirmam. Nada menos do que reduções grandes e rápidas das emissões humanas salvará o planeta destes acontecimentos catastróficos (Bast, 2010).

2.2.3 Teoria do capital social

Os principais proponentes da teoria do capital social são Pierre Bourdieu (1989), Robert Putnam (2000) e James Coleman (1988).

O capital social refere-se às redes, relações, confiança e normas de reciprocidade que existem numa comunidade e que podem influenciar a ação colectiva. No contexto dos projectos de alterações climáticas, a teoria do capital social pode ajudar a explicar como as redes sociais da comunidade local (família, vizinhos, líderes locais) influenciam a sua vontade de participar em projectos de mitigação e adaptação. Um capital social forte pode promover a cooperação, normas partilhadas e uma melhor participação em projectos como o Green Gicumbi Project. A teoria pode ser usada para explorar a forma como as redes sociais existentes na comunidade de Gicumbi facilitam ou dificultam a ação colectiva no sentido de adotar estratégias de mitigação e adaptação às alterações climáticas.

2.2.4. Quadro de Adaptação com Base na Comunidade (ACB)

A teoria foi desenvolvida por vários académicos e organizações pelo Departamento para o Desenvolvimento Internacional [DFID] (2010), PNUD (2010), Huq, Reid e Murray (2006), Ensor e Berger (2009) e Malone, La Rovere et al.

(2014).

A teoria da ACB enfatiza o conhecimento local, o desenvolvimento de capacidades e a participação ativa da comunidade no desenvolvimento de soluções para as alterações climáticas. Este quadro reconhece que as comunidades, especialmente as que se encontram em regiões vulneráveis, devem estar no centro das estratégias de adaptação climática. Centra-se na capacitação das populações locais para se adaptarem às alterações climáticas com base nas suas necessidades e experiências. O quadro da ACB pode orientar o estudo, examinando a forma como o conhecimento local em Gicumbi é incorporado no Projeto Gicumbi Verde e como as comunidades locais percepcionam e implementam estratégias de adaptação, tais como melhores técnicas agrícolas e gestão de recursos.

2.2.5 Teoria da difusão das inovações

O proponente da teoria da inovação é Everett Rogers (2003). Esta teoria explica como, porquê e a que ritmo as novas ideias e tecnologias se propagam entre culturas e comunidades. A adoção de novas técnicas agrícolas, culturas resistentes ao clima ou práticas de conservação segue frequentemente um padrão em que os primeiros a adotar influenciam a comunidade em geral. Esta teoria pode ajudar a analisar como as intervenções do Projeto Gicumbi Verde (por exemplo, práticas agroflorestais ou agrícolas sustentáveis) são percebidas e adotadas por diferentes segmentos da comunidade, e que factores influenciam a taxa de adoção (por exemplo, vantagem relativa percebida, compatibilidade com práticas existentes, etc.).

2.2.6 Teoria da vulnerabilidade e da resiliência

Os proponentes da teoria são vários académicos, como Adger, Berkes e Folke (2003). Esta teoria analisa a forma como as comunidades são vulneráveis às alterações ambientais, em particular as relacionadas com as alterações climáticas, e como podem criar resiliência. A vulnerabilidade é moldada por factores como o estatuto socioeconómico, a geografia e a exposição a riscos ambientais. A resiliência refere-se à capacidade dos indivíduos ou das comunidades para se adaptarem a esses riscos e recuperarem das perturbações ambientais. Esta teoria pode ser aplicada para explorar a forma como o Projeto Gicumbi Verde aumenta a resiliência da comunidade aos impactos das alterações climáticas. Também pode ajudar a avaliar a forma como o projeto se alinha com as prioridades da comunidade no desenvolvimento da capacidade de adaptação e na redução da vulnerabilidade.

2.2.7 Teoria do desenvolvimento participativo

A teoria deriva de Robert Chambers (2017) e Amartya Sen (2009). Esta teoria enfatiza o envolvimento ativo dos membros da comunidade nos processos de tomada de decisão que afectam as suas vidas. Sublinha a importância do conhecimento local e da participação no planeamento e na implementação de projectos, particularmente no contexto de projectos de desenvolvimento destinados a responder às necessidades locais. A teoria do desenvolvimento participativo pode orientar o estudo, explorando a forma como as percepções da comunidade moldam a sua participação no Projeto Gicumbi Verde. A teoria pode ajudar a avaliar o nível de envolvimento local na conceção do projeto, a inclusão das perspectivas locais na tomada de decisões e a eficácia dos processos participativos para garantir o êxito do projeto.

2.2.7 Teoria da Justiça Ambiental

Os proponentes da Teoria da Justiça Ambiental são Robert Bullard **(2012)**, David Schlosberg (2019). A teoria da justiça ambiental centra-se na distribuição justa dos benefícios e encargos ambientais entre diferentes grupos sociais, particularmente populações marginalizadas ou vulneráveis. No contexto das alterações climáticas, aborda questões de equidade e justiça em relação aos esforços de adaptação e mitigação do clima. Essa teoria pode ser usada para examinar como o Projeto Gicumbi Verde aborda a justiça social e ambiental, particularmente para garantir que os grupos marginalizados na região de Gicumbi (por exemplo, mulheres, famílias de baixa renda ou minorias étnicas) não sejam deixados de fora dos benefícios da adaptação às mudanças climáticas.

Estas teorias fornecem várias lentes para explorar as percepções da comunidade local e os factores que influenciam a participação em projectos de mitigação e adaptação às alterações climáticas. Ao aplicar estes enquadramentos, o estudo do **Projeto Gicumbi Verde** pode revelar percepções críticas sobre o envolvimento da comunidade, a criação de resiliência e a integração do conhecimento local nas intervenções climáticas. Cada teoria oferece uma perspetiva única sobre a forma como os membros da comunidade compreendem e respondem às alterações climáticas, orientando, em última análise, o desenvolvimento de projectos mais eficazes.

2.3 Análise empírica

Tal como expresso pelo conceito, uma revisão empírica analisa estudos empíricos anteriores com o objetivo de dar uma resposta a um tópico de investigação específico que se baseia em observações e não em teorias. É neste contexto que são analisados os seguintes estudos.

2.3.1 Impacto das alterações climáticas no crescimento socioeconómico

Hallegate *et al.* (2007) centraram-se especificamente na variabilidade climática. Argumentaram que os modelos de crescimento a longo prazo habitualmente utilizados na economia das alterações climáticas não conseguem captar os efeitos adversos dos fenómenos meteorológicos extremos. Mostraram que, se a frequência de fenómenos extremos ultrapassar um determinado limiar, as economias podem cair numa espiral descendente em que não têm capacidade para compensar a perda de capacidade produtiva. A implicação é que a adaptação deve ter em conta toda a distribuição dos possíveis impactes das alterações climáticas e não apenas a média. Os impactos na cauda "má" da distribuição de probabilidades devem ser evitados, porque podem ter efeitos devastadores no crescimento a longo prazo.

As alterações climáticas podem afetar a produção para além dos impactos de primeira ordem através de ajustamentos de equilíbrio geral que resultam em impactos através do comércio e dos mercados de factores, possivelmente sujeitos às suas próprias imperfeições de mercado. A maioria dos estudos de equilíbrio geral (Bosello *et al.*, 2007, Eboli *at al.* 2010, Banco Mundial 2010) conclui que os efeitos de segunda ordem em toda a economia aumentam geralmente o impacto das alterações climáticas no bem-estar, embora não necessariamente em todos os sectores económicos e regiões. Bosello *et al.* *(2007)* concluíram que os custos diretos são "uma má aproximação dos efeitos de equilíbrio geral no bem-estar".

Existem muito poucos estudos que analisam a relação entre o clima (ou a temperatura média) e a produção económica. Os melhores dados provêm de (Dell *et al.*, 2008), que concluíram que, nos países pobres, durante o período de 1950 a 2003, um aumento de 1°C na temperatura num determinado ano tendia a reduzir o crescimento económico nesse ano em
1.1 pontos percentuais, e os efeitos sobre o crescimento tenderam a ser persistentes. Os efeitos estimados da temperatura em horizontes de 10 ou 15 anos foram semelhantes à estimativa anual dos dados de painel, o que implica que estes efeitos representaram alterações nas taxas de crescimento e não simplesmente efeitos de "nível" no rendimento.

Existem mais dados sobre o impacto das variações climáticas no crescimento. Estas sugerem que os fenómenos meteorológicos extremos podem ter um efeito adverso significativo no crescimento a curto prazo. (Mechler, 2004), por exemplo, refere que o furacão Mitch, que atingiu as Honduras em 1998, reduziu a taxa de crescimento do PIB do país em cinco pontos percentuais. Raddatz (2009) concluiu que as catástrofes naturais, especialmente as climáticas, tiveram um efeito negativo moderado mas significativo no PIB real per capita nas últimas quatro décadas. O autor calculou que, segundo uma estimativa conservadora, o custo macroeconómico de uma catástrofe climática que afecte pelo menos meio por cento da população de um país reduz o PIB real per capita em 0,6%.

Hallegatte e Ghil (2008) salientaram que as economias podem ser capazes de responder mais eficazmente às catástrofes naturais se dispuserem de recursos subutilizados. Assim, talvez surpreendentemente, os custos das alterações climáticas e da adaptação podem ser reduzidos pela presença de desemprego keynesiano ou de mão de obra excedentária. Argumentam que é por esta razão que algumas análises dos custos das catástrofes naturais não os consideram particularmente elevados (Hochrainer 2009).

Landon-Lane *et al.* (2009) verificaram que, aquando do grande Dust Bowl nos EUA, na década de 1930, o stress climático atingiu o sistema bancário, prejudicando a intermediação e a recuperação financeiras durante um período prolongado. Assim, as catástrofes relacionadas com o clima podem ter longas repercussões no sistema financeiro. Lis e Nickel (2009) mostraram como as catástrofes naturais tendem a ter um impacto negativo nos orçamentos públicos. (Hornbeck, 2009) chamou a atenção para outro aspeto do grande Dust Bowl: o ajustamento ocorreu principalmente através da migração para fora das regiões afectadas, e não através de fluxos de capital para o interior, de mudanças nas práticas agrícolas ou de um movimento de recursos para a indústria. A migração pode contribuir para a adaptação às alterações climáticas e aos fenómenos meteorológicos extremos. No entanto, "quanto menos opções as pessoas tiverem para se deslocarem, menos provável é que os resultados dessa deslocação sejam positivos" (Barnett e Webber 2010). O impacto líquido destes efeitos não é claro a priori. No entanto, os dados empíricos sugerem que os efeitos positivos tendem a predominar. (Raddatz, 2009) concluiu que as catástrofes relacionadas com o clima tiveram um impacto maior no PIB dos países de baixo rendimento do que nos países de rendimento médio, que, por sua vez, foram mais afectados do que os países de rendimento elevado. Dell *et al.* (2008, 2009) concluíram que as temperaturas mais elevadas reduziam as taxas de crescimento económico apenas nos países pobres, e não nos países ricos. Noy (2009) verificou que certos indicadores de desenvolvimento estavam associados a uma menor perda de PIB devido a uma determinada catástrofe climática, incluindo o PIB per capita, a literacia, instituições fortes, abertura comercial e profundidade dos mercados financeiros.

Existem outras provas, provenientes de estudos de caso, de que a pobreza tende a exacerbar os custos das alterações climáticas (O'Brien *et al.*, 2008) (O'Brien *et al.* 2008). Benson e Clay (1998) sugeriram uma relação em forma de U entre o desenvolvimento e a vulnerabilidade às alterações climáticas: o impacte económico dos choques relacionados com o clima, como a seca, era maior para as economias que tinham passado de uma "fase simples" de agricultura intensiva em água e sector de subsistência para uma "fase intermédia", caracterizada por uma indústria transformadora de baixa tecnologia intensiva em mão de obra, mas a vulnerabilidade era menor quando as economias se tinham tornado mais diversificadas e desenvolvidas.

2.3.2 Sinergias entre o desenvolvimento e a resiliência climática

A vulnerabilidade climática e o desenvolvimento estão fortemente relacionados. O desenvolvimento reduz a vulnerabilidade climática e as reduções da vulnerabilidade climática facilitam o desenvolvimento económico (Schelling 1992; Marto, Papageorgiou e Klyuev 2018; International Monetary Funds [IMF] 2017; Hallegatte e outros 2016;

IPCC, 2022).

Consequentemente, as economias avançadas são menos sensíveis ao clima do que as economias em desenvolvimento. As diferenças estruturais (por exemplo, a agricultura, um sector vulnerável, contribui menos para o PIB nas economias avançadas), as infra-estruturas resistentes e protectoras, as taxas de pobreza mais baixas, a maior inclusão financeira e os mercados de seguros mais eficientes ajudam as economias avançadas a adaptar-se a uma gama mais vasta de climas e a lidar com condições meteorológicas extremas.

Nas economias avançadas, os fenómenos meteorológicos extremos causam frequentemente perdas maiores em termos absolutos do que nas economias de baixo rendimento, mas o impacto destes fenómenos extremos e a perda de vidas são geralmente muito menores em termos relativos. Os dados empíricos sugerem que o rendimento per capita reduz geralmente o impacto dos choques climáticos (Kahn, 2005; Dell, Jones e Olken 2012; Mendelsohn e outros 2012; Bakkensen e Mendelsohn 2016; Acevedo e Noah, a publicar; Pondi, Mo Choi e Mitra, a publicar). Para o mesmo nível de rendimento, a qualidade das instituições e a desigualdade dos baixos rendimentos reduzem a mortalidade causada por catástrofes climáticas (Kahn 2005; Toya e Skidmore, 2007; Acevedo e Noah, no prelo).

A adaptação às alterações climáticas melhora o desenvolvimento e reforça um ciclo virtuoso. Os danos nas infra-estruturas provocados por choques climáticos prejudicam as pessoas e as empresas, dificultando o acesso a bens e serviços essenciais (por exemplo, educação, saúde, abastecimento alimentar), reduzindo a taxa de utilização de factores de produção essenciais (por exemplo, eletricidade) e forçando a escolha de factores de produção não optimizados (por exemplo, pequenos geradores de energia) (Hallegatte, Rentschler e Rozenberg, 2019). O maior benefício da adaptação climática é uma economia mais produtiva e estável a longo prazo e um desenvolvimento mais equitativo e sustentável. Em alguns casos, os investimentos em adaptação podem também ter cobenefícios ambientais e de emprego. A importância do desenvolvimento para a resiliência climática reflecte-se nas fortes correlações entre indicadores de capacidade de adaptação e desenvolvimento.

Os indicadores de desenvolvimento humano são frequentemente utilizados na combinação de indicadores que medem a capacidade de adaptação (Burton 1996; Adger *et al.*, 2007). A figura da esquerda da Figura 2, painel 2, destaca a forte correlação positiva entre a capacidade de adaptação e o PIB per capita. O efeito do rendimento per capita é altamente não linear, com benefícios marginais decrescentes. No entanto, outros factores, como a qualidade das instituições, desempenham um papel importante em todos os níveis de rendimento e explicam as diferenças entre a capacidade de adaptação e o PIB per capita.

Há margem para reduzir ainda mais os riscos climáticos em todos os países e em todos os níveis de rendimento, começando agora (IPCC 2022). Uma análise de fronteira, estimada em função do PIB per capita, pode ajudar a identificar os líderes e os retardatários em comparação com os seus pares com níveis de rendimento semelhantes.

A distância até à fronteira tende a ser maior em África e no Médio Oriente, mas existem também grandes disparidades dentro das regiões. Existe potencial para reduzir os riscos e melhorar a eficiência global de todas as economias, começando pela atual exposição aos riscos climáticos. Uma vez iniciado, este processo pode ser desenvolvido para fazer face a novos riscos decorrentes das alterações climáticas.

2.3.3 Impacto e vulnerabilidade às alterações climáticas em África

Há uma série de questões a considerar ao descrever a gama de impactes e a vulnerabilidade subjacente às alterações climáticas em África. Para além da variabilidade regional, existem vários desafios associados à capacidade dos modelos actuais para projetar a probabilidade de fenómenos extremos de calor e precipitação, que deverão ter impactos secundários no desenvolvimento económico (PNUA, 2012).

O Relatório Especial Gerir os Riscos de Acontecimentos Extremos e Catástrofes para Promover a Adaptação às Alterações Climáticas (SREX) mostra como se espera que a probabilidade de acontecimentos climáticos extremos aumente, ilustrando também a gama de impactos em toda a África. (IPCC, 2012). O Resumo para Decisores Políticos, publicado pelo IPCC em fevereiro de 2012, indica que, embora se espere que a África Oriental enfrente mais inundações extremas, é provável que a África Ocidental e Austral sofra um aumento dos fenómenos de seca (IPCC, 2012). A investigação levada a cabo por outros especialistas em clima sublinha a noção de que a variabilidade dos impactos diretos se manifesta numa vasta gama de impactos secundários ou indirectos, que incluem: o aumento da propagação de doenças transmitidas por vectores, como a malária e a dengue; a subida do nível do mar, que afectará áreas como o Delta do Nilo, e condições mais quentes e secas que dão origem à desertificação e a declínios na produtividade agrícola em algumas áreas (Conway, 2009). Esta secção descreve os principais impactos das alterações climáticas em África - seca, escassez de água e inundações, e ameaças à segurança alimentar e à saúde.

2.3.3.1 Seca e escassez de água

O aumento das temperaturas e a maior probabilidade de fenómenos meteorológicos extremos resultantes das alterações climáticas irão sem dúvida aumentar a ameaça de seca e de escassez de água em África.

Como forma de combater esta situação, os projectos do Programa-Quadro (PQ), como o Climate Impacts on Water Resources in Africa (CLIMB), o Climate Change and Impacts on Water Resources in Africa (CLICO) e o Water Availability and Security in the Mediterranean and Middle East (WASSERMED), procuraram melhorar a modelização hidrológica para avaliar o risco de aumento da escassez de água e a ameaça à segurança humana. O projeto CLICO analisou os riscos de seca e de inundações no Sudão, tendo em conta o seu impacto na segurança alimentar e a sua capacidade de agravar os conflitos regionais existentes. Apesar destes desafios, o projeto AIDA (Agricultural Innovation in Drought-Prone Areas) do 6.º Programa-Quadro indicou que a inovação agrícola em zonas propensas à seca tem potencial para melhorar o rendimento das culturas (PNUA, 2012).

2.3.3.2 Segurança alimentar

Um dos impactos indirectos das alterações climáticas associadas ao aumento da seca e da escassez de água é a ameaça à produção agrícola. A necessidade de abordar a segurança alimentar à luz destes impactos é salientada pelo Instituto Internacional de Investigação sobre Políticas Alimentares (IFPRI), cuja investigação mostra como as alterações climáticas na África Subsariana podem diminuir o rendimento das colheitas e aumentar os preços dos alimentos, reduzindo assim a acessibilidade dos alimentos e a ingestão calórica potencial, resultando potencialmente num aumento das taxas de desnutrição infantil (IFPRI, 2010). Além disso, a análise de cenários realizada pela Organização das Nações Unidas para a Alimentação e a Agricultura (FAO) indica que, até 2080, o Produto Interno Bruto da agricultura poderá diminuir em África de 2 a 9%. A FAO sublinha que serão necessárias mudanças nas práticas agrícolas para responder a estes impactos, incluindo mudanças nas espécies de culturas, novas técnicas de irrigação, a utilização de diferentes fertilizantes, mudanças sazonais e datas de sementeira (FAO, 2007).

2.3.3.3 Saúde

A Organização Mundial de Saúde (OMS) está a explorar a relação entre as alterações climáticas, a pobreza e a propagação de doenças infecciosas. Vários projectos dos 6.o e 7.o PQ sublinham igualmente a importância de desenvolver a base de dados para apoiar esta relação.

Estes projectos visam fornecer exemplos específicos de como os impactos das alterações climáticas em toda a África expandiram a propagação de doenças infecciosas a uma população vulnerável. A

OMS afirma que os impactos indirectos das alterações climáticas na saúde não resultam de fenómenos meteorológicos extremos isolados, mas da erosão gradual dos "sistemas naturais, económicos e sociais que sustentam a saúde e que já estão sob pressão em grande parte do mundo em desenvolvimento". As doenças transmitidas por vectores, como a malária, e as infecções associadas à subnutrição são susceptíveis de se propagar com as alterações climáticas, afectando aqueles que não têm acesso a alimentos a preços acessíveis e a água potável e que já sofrem de problemas de saúde (OMS, 2009).

Do mesmo modo, o PROJECTO FUTUROS SAUDÁVEIS presta especial atenção ao impacto da escassez de água na propagação de doenças transmitidas por vectores. O consórcio do projeto inclui universidades e institutos de investigação da Tanzânia, do Quénia, do Ruanda e do Uganda (para além dos da UE) e servirá para mapear a propagação de doenças em relação às áreas mais vulneráveis à doença. O projeto Wetlands and Water Resources Management in Twinned River Basins (WETwin) desenvolveu uma metodologia para integrar melhor a prevenção de doenças relacionadas com a água nos planos de gestão das zonas húmidas e das bacias hidrográficas referentes ao Delta do Níger Interior, no Mali. Na mesma linha, o projeto Climate Impacts on Health in Developing Countries (QWECI), que envolve vários institutos académicos do Senegal, do Gana e do Malawi, determinou que, no caso da febre do vale do Rift, a propagação da doença é facilitada por alterações nos padrões meteorológicos normais que podem ser provocadas pelas alterações climáticas, e que a implementação de um sistema de alerta precoce poderia reduzir o intervalo de tempo entre os surtos da epidemia e as medidas de resposta necessárias.

O projeto EDEN centra-se na interação entre o clima e os ecossistemas e na capacidade de esta interação influenciar a propagação de agentes patogénicos humanos na Europa, no Norte e na África Ocidental (PNUA, 2012).

2.3.3.4 Inundações

Prevê-se igualmente que as alterações climáticas aumentem o risco de inundações em África. O projeto CIRCE do 6.º PQ analisou os impactos das alterações climáticas na região mediterrânica (incluindo o Norte de África) e delineou um quadro de ação dada a urgência da questão. A vulnerabilidade de zonas específicas às inundações nos seguintes países em desenvolvimento foi aprofundada no âmbito de estudos de casos individuais: O Golfo de Oran, na Argélia, o Golfo de Gabes, na Tunísia, e o Delta Ocidental do Nilo, no Egito.

Na Argélia, o risco de aumento das inundações e da subida do nível do mar é complicado pela falta de tratamento de efluentes e pela importância de três grandes portos para a economia nacional. Na Tunísia, é sublinhada a importância do turismo e da indústria pesqueira, enquanto no Egito a relação entre a subida do nível do mar, a erosão costeira e a agricultura é considerada igualmente problemática para o desenvolvimento socioeconómico (PNUA, 2012).

2.3.4 Impacto das alterações climáticas em África: Avaliação das provas.

As alterações climáticas afectam diferentes aspectos das cidades africanas, como as infra-estruturas, o ecossistema e o desenvolvimento económico. Os efeitos dependem das caraterísticas, da localização e da capacidade de adaptação da cidade (Awojobi e Tatteth, 2017).

2.3.4.1 Impacto nas infra-estruturas

As cidades urbanas dependem de vários tipos de infra-estruturas, como estradas e pontes, centrais eléctricas e água. Condições ambientais como inundações, deslizamentos de terras e chuvas fortes podem devastar as infra-estruturas das cidades. A literatura existente tem fornecido informações sobre as possíveis consequências económicas gerais dos fenómenos climáticos adversos que afectam as redes rodoviárias em África, principalmente as consequências para a segurança alimentar (Chinowsky e Neumann, 2016). Por exemplo, no Burkina Faso, a flutuação do preço do milho é mais acentuada nos mercados rurais com estradas mal ligadas (Ndiaye, d'Hôtel Elodie e Le Cotty, 2015). À medida que a intensidade das alterações climáticas diminui a conetividade, aumenta a possibilidade de escassez de alimentos e de choques económicos para as comunidades vulneráveis (Cervigni *et al.*, 2016). As centrais eléctricas não são poupadas quando as alterações climáticas atingem qualquer parte de África. Entre 1999 e 2002, no Quénia, as secas afectaram extremamente a produção de energia hidroelétrica e, em 2000, a capacidade foi reduzida em 25% (Besada e Sewankambo, 2009).

No Gana, o nível da água na barragem de Akosombo desceu para o nível mínimo de 240 pés, o que resultou numa redução da produção de eletricidade. Tal como o Gana, o Uganda, a Etiópia e a Tanzânia sofreram secas que afectaram os níveis de água nas suas barragens e que levaram a uma baixa produção de energia hidroelétrica (Karekezi, Kamani, Onguru e Kithyoma, 2012).

2.3.4.2 Impacto na saúde humana

A variabilidade climática afecta os principais factores determinantes da saúde humana (Clements, 2009). Os cientistas argumentam que as alterações climáticas podem afetar negativamente a saúde humana, uma vez que podem modificar a transmissão de doenças como a cólera, a malária e a meningite. Além disso, as alterações climáticas provocam a contaminação das reservas de água, o que, por sua vez, pode aumentar a prevalência de certas doenças. Prevê-se que as alterações climáticas agravem a incidência e a intensidade de surtos de doenças iminentes. Está provado que as alterações climáticas e as condições meteorológicas adversas, como as temperaturas elevadas e a precipitação intensa, são factores precários no início das epidemias de paludismo no Quénia, no Uganda, na Etiópia, na Tanzânia, no Ruanda e em Madagáscar (Zhou, Minakawa, Githeko, & Yan, 2004).

A frequência e a severidade das epidemias de paludismo na África

Oriental parecem ter aumentado em correlação com a ocorrência, a magnitude e a perseverança crescentes do fenómeno El Nanophenomenon nas últimas 20 a 30 décadas (Abeygunawardena *et al.,* 2009).

A falta de água e de saneamento está ligada às secas e inundações induzidas pelo clima, de acordo com a OMS e o Fundo das Nações Unidas para a Infância (UNICEF), e é responsável por mais de 20% do problema das doenças no continente africano (Besada e Sewankambo, 2009). A diarreia é uma das principais causas de problemas de saúde em África (Besada e Sewankambo, 2009; Clements, 2009). Em 2008, afectou vários milhões de pessoas (OMS, 2008). As temperaturas extremas do dia a dia podem provocar um aumento da intoxicação alimentar, levando assim a um aumento das situações de diarreia (Clements, 2009). No entanto, é difícil de prever com exatidão devido às numerosas causas de diarreia (Warren, Arnell, Nicholls, Levy e Price, 2006).

Impacto no ecossistema

As alterações climáticas podem afetar os ecossistemas e os serviços importantes que estes prestam, como a produção de oxigénio e a proteção contra as inundações. Além disso, as alterações climáticas diminuirão a biodiversidade e a região das zonas húmidas e conduzirão à perda de solo e de árvores. As comunidades pobres e vulneráveis dependem muitas vezes sobretudo dos serviços ecossistémicos e serão provavelmente as mais afectadas pelos impactos das alterações climáticas. Há cada vez mais provas de que as alterações climáticas estão a afetar as florestas e os ecossistemas florestais em África, bem como os meios de subsistência das comunidades dependentes da floresta e as actividades económicas nacionais que dependem dos serviços de vegetação (Chidumayo, Okali, Kowero e Larwanou, 2011). Por exemplo, num estudo sobre o impacto das alterações climáticas nos serviços ecossistémicos e nos meios de subsistência no Gana, utilizando dados secundários e primários, constataram o declínio constante da produção de cacau entre 1990 e 2009 devido à redução persistente dos padrões de precipitação e temperaturas elevadas e secas persistentes.

Também descobriram o impacto das alterações climáticas no abastecimento de água da comunidade em termos de qualidade e disponibilidade (Boon e Ahenkan, 2012). As conclusões de Boon e Ahenkan (2012) são corroboradas por Dube, Moyo e Nyathi, cujo trabalho concluiu, recorrendo a uma análise do estado da arte, que, no contexto da variabilidade climática, se verificou um declínio dos rendimentos agrícolas e uma redução da biodiversidade em África (Dube, Moyo e Nyathi, 2016). Entre os estudos semelhantes que concluíram a correlação entre o impacto das alterações climáticas e os ecossistemas em África contam-se (Chidumayo, 2005; Erasmus, Van Jaarsveld, Chown, Kshatriya e Wessels, 2002; Lovett, Midgley e Barnard, 2005; Vanacker, Linderman, Lupo, Flasse e Lambin, 2005).

2.3.4.3 Impacto na segurança alimentar e hídrica

As alterações climáticas conduzirão à redução da produção alimentar em algumas partes de África devido a alterações nos padrões de precipitação e nas temperaturas. Além disso, os recursos hídricos serão afectados por factores como o aumento da procura e a diminuição da recarga das águas subterrâneas. Existe uma forte correlação entre as alterações climáticas e os meios de subsistência da África Oriental (World Wide Fund for Nature, 2006). Por exemplo, entre 1996 e 2003, registou-se uma redução da precipitação de 50-150 mm em cada estação e uma redução correspondente da produção de milho e sorgo na maioria dos países da África Oriental (Funk *et al.*, 2005). Do mesmo modo, a Etiópia, o Quénia e a Somália têm sido duramente afectados por secas persistentes e as perdas de gado colocaram quase 11 milhões de pessoas dependentes do gado para a sua subsistência num momento crítico, o que levou a uma migração em massa de pastores para fora das regiões afectadas pelas alterações climáticas (Besada e Sewankambo, 2009). A água é um recurso indispensável e fundamental em África para diferentes sectores. As alterações climáticas manifestam-se através dos meios de água, afectando a precipitação, a temperatura e a evaporação (UNECA-ACPC, 2011).

Por exemplo, um estudo sobre os efeitos das alterações climáticas na hidrologia e na irrigação em partes dos quatro países ribeirinhos da bacia: Botsuana, Moçambique, África do Sul e Zimbabué. Os resultados indicam que os recursos hídricos da bacia do rio Limpopo já estão sob pressão nas condições climáticas actuais (Zhu e Ringler, 2010). Da mesma forma, o Lago Chade perdeu mais de 50% da sua água há alguns anos atrás, entretanto, é uma fonte importante de água doce e outros recursos que apoiam as comunidades humanas, pecuárias e de vida selvagem nos Camarões, Chade, Níger e Nigéria (Onuoha, 2010).

2.3.4.4 Deslocação

Os impactos das alterações climáticas podem também levar à deslocação de pessoas e, consequentemente, ao aumento da migração interna e internacional. Há cada vez mais provas de que impactos como as inundações, a seca, a desflorestação e a degradação dos solos conduzem à migração em África (Abebe, 2014).

De acordo com o ICPP, a subida do nível do mar, as costas mais húmidas e as zonas mais secas do centro do continente podem provocar os impactos mais graves das alterações climáticas, obrigando a uma migração humana súbita (Abebe, 2014). A seca severa, a erosão da linha costeira ou as inundações fluviais e costeiras deslocaram milhões de pessoas (Abebe, 2014). Por exemplo, condições meteorológicas desfavoráveis provocaram graves inundações e deslizamentos de terras em 2010, o que resultou na deslocação provisória de cerca de 48 000 pessoas no Uganda e 55 000 no Quénia, Namíbia, Ruanda e Zâmbia (Abebe, 2014).

No Burkina Faso, Henry *et al.* (2003), ao analisarem a correlação entre os factores ambientais e a migração interprovincial, utilizando os dados demográficos do inquérito do recenseamento da população, concluíram que "a migração é influenciada por alterações biofísicas no ambiente" (2003). No Mali, a diminuição das chuvas levou a más colheitas, o que levou os agricultores das regiões afectadas a migrarem para as cidades urbanas do país em busca de emprego, especialmente para a capital do país, Bamako, o que levou a um aumento da população de 600.000 pessoas há duas décadas para cerca de 2 milhões atualmente (Christian Aid, 2007). Do mesmo modo, o declínio das chuvas em África aumentou a migração rural-urbana na África Subsariana (Barrios, Albert Strobl e Bertinelli, 2006).

2.3.4.5 Acontecimentos climáticos extremos

Prevê-se que o aquecimento das temperaturas provoque fenómenos meteorológicos extremos mais recorrentes e mais intensos, tais como chuvas fortes, inundações, incêndios, furacões, tempestades tropicais e fenómenos El Niño (IPCC, 2001). Desde que África foi detectada como uma das regiões mais vulneráveis do mundo aos impactos das alterações climáticas (Niang *et al,* 2014).

2.3.5 Adaptação às alterações climáticas

Esta secção analisa as estratégias de adaptação dos governos africanos, bem como os apoios das partes interessadas para reduzir os impactos das alterações climáticas no continente africano. Além disso, o documento avalia as estratégias de sobrevivência utilizadas pelos habitantes locais em caso de alterações climáticas e os desafios à adaptação (Awojobi e Tatteth, 2007).

2.3.5.1 Estratégias, planos e programas de adaptação

As alterações climáticas podem comprometer o desenvolvimento sustentável e aumentar a pobreza (UNFCCC, 2007). Uma forma eficaz de enfrentar o impacto das alterações climáticas consiste em incorporar estratégias de adaptação no desenvolvimento sustentável, a fim de diminuir a pressão sobre os recursos naturais, aumentar a gestão dos riscos ambientais e melhorar o bem-estar social das pessoas vulneráveis (CQNUAC, 2007).

Os governos africanos têm trabalhado através de várias instituições regionais e mundiais para reforçar a sua resposta às alterações climáticas e coordenam as suas posições regionais sobre as alterações climáticas através da Conferência Ministerial Africana sobre o Ambiente (AMCEN) (UNFCCC, 2006). Foram iniciados vários projectos de adaptação em África para fazer face a uma série de impactos das alterações climáticas, tais como a incorporação das alterações climáticas na gestão dos recursos hídricos na Tanzânia, o reforço da segurança alimentar em Moçambique e a resposta às inundações costeiras e à seca na África Oriental e Austral (CQNUAC, 2006). Além disso, as agências das Nações Unidas lançaram uma vasta gama de projectos em toda a África para aumentar a eficiência energética que diminuirá as emissões de gases com efeito de estufa, como a energia solar, a energia hidroelétrica, os combustíveis alternativos e o desenvolvimento sustentável (CQNUAC, 2006).

As necessidades imediatas de adaptação de África resultam da sensibilidade e vulnerabilidade primárias do continente às alterações climáticas, juntamente com os seus níveis mínimos de capacidade de adaptação (Ludi, Jones e Levine, 2012).

A proeza relacionada com a adaptação em África inclui a riqueza do continente em recursos naturais, redes sociais sofisticadas e métodos tradicionais estabelecidos de gestão da vulnerabilidade através, por exemplo, da migração, da diversificação das culturas e dos meios de subsistência e de pequenas empresas, todos eles reforçados pelo sistema de conhecimentos tradicionais para a gestão sustentável dos recursos (Cooper *et al,* 2008).

Além disso, as estratégias de redução do risco utilizadas pelos países africanos para controlar os impactos das alterações climáticas nos agregados familiares individuais, nas comunidades e na economia em geral consistem num sistema de alerta precoce, no desenvolvimento de planos de transferência de riscos, em esquemas de proteção social, em fundos de contingência para o risco de catástrofes e na orçamentação, na diversificação dos meios de subsistência e na migração (UNISDR, 2011). No entanto, não se sabe até que ponto estas estratégias serão capazes de lidar com as mudanças iminentes, entre as quais as alterações climáticas e a sua colaboração com outros métodos de desenvolvimento (Cannon e Burton, 2008).

A migração tem sido utilizada pelos pobres como estratégia de adaptação em caso de fenómenos climáticos extremos (Abebe, 2014). Além disso, há provas actuais da utilização de transferências de dinheiro para a adaptação às alterações climáticas pelos pobres (Asfaw *et al.*, 2016).

2.3.5.2 Barreiras e limites à adaptação em África

Embora tenham sido feitos progressos na integração do risco climático na política e no planeamento, ainda existem desconexões substanciais a nível nacional e a execução de uma resposta de adaptação mais coesa continua a ser mais incerta (Conway e Calow, 2011). Além disso, a estrutura estatutária e política para a adaptação continua desintegrada, os métodos da política de adaptação dificilmente têm em conta as realidades dos espaços políticos e institucionais, e as políticas gerais são frequentemente pouco convencionais com abordagens de adaptação locais separadas, o que pode funcionar como um obstáculo à adaptação, especialmente quando as questões tradicionais e específicas do contexto são ignoradas (Hisali, Birungi e Buyinza, 2011). Além disso, os desafios associados às actuais abordagens de redução dos riscos consistem em obstáculos políticos e institucionais à descodificação de alertas atempados em acções imediatas (Bailey, 2013). A nível local, as barreiras institucionais dificultam a adaptação através da cultura de elite e da corrupção, da sobrevivência inadequada de instituições sem pedigree comunitário e da ausência de atenção aos requisitos institucionais das intervenções tecnológicas inovadoras (Ludi, Jones, &Levine, 2012).A vulnerabilidade climática, os elevados níveis de imprevisibilidade, a ausência de acesso a dados climáticos em tempo real e iminentes e a capacidade de previsão inadequada a nível individual e nacional (Mather & Stretch, 2012; Repetto, 2008).

Atributos como a riqueza, o género, a etnia, a religião, a classe, a casta ou a profissão podem funcionar como obstáculos sociais para que alguns se adaptem eficazmente ou desenvolvam as capacidades de adaptação necessárias (Jones & Boyd, 2011).

2.3.6 Assegurar um financiamento adequado para a adaptação

Este é o quadro que permite o financiamento da adaptação através dos sectores privados e dos países em desenvolvimento. As acções de apoio à resiliência climática nem sempre implicam grandes investimentos iniciais. As políticas terão um papel a desempenhar e as chamadas medidas "suaves", como a melhoria do acesso à informação sobre o clima ou as reformas do ordenamento do território, são um elemento vital para criar resiliência e incentivar o investimento na adaptação. Por exemplo, nas zonas costeiras urbanas em rápido crescimento, o aumento do risco de inundações está bem documentado (Hallegatte *at al.*, 2013). Este risco pode ser gerido através da integração das alterações climáticas no planeamento do uso do solo urbano, do zonamento e das infra-estruturas, que, por sua vez, condicionam o investimento (OCDE, 2014). O planeamento de catástrofes mais frequentes e extremas também ajudará a limitar os danos, por exemplo, através de melhores sistemas de alerta e planeamento da evacuação (Hallegatte *at al.* 2013). Estas medidas "soit" têm sido o foco central dos esforços de adaptação dos países até à data (Mullan *at al.,* 2013; OCDE, 2010).

Nos casos em que são necessários investimentos em infra-estruturas, os riscos de sobreinvestimento ou subinvestimento podem ser geridos através da introdução de flexibilidade desde o início. Ferramentas como a tomada de decisões robustas e a análise de opções reais podem ser utilizadas para conceber estratégias que possam acomodar a incerteza sobre a forma como o clima irá evoluir no futuro (OCDE, 2013). A abordagem é particularmente útil nos casos em que os projectos são escaláveis, têm custos irrecuperáveis elevados e prazos de execução longos, e há uma expetativa de melhoria da informação ao longo do tempo (OCDE, 2008; OCDE, 2013). A adaptação pode melhorar, mas não necessariamente evitar, os efeitos negativos das alterações climáticas. Os mecanismos adequados de partilha e transferência de riscos, como os seguros, também terão de ser criados para gerir os riscos crescentes, incentivando simultaneamente as actividades de redução dos riscos (OCDE, 2014; OCDE, 2009).

2.3.6.1 O sector privado tem um papel fundamental a desempenhar no financiamento da adaptação

Muitos dos benefícios da adaptação são locais e privados, o que pode constituir um poderoso incentivo aos investimentos privados para gerir esses riscos. No entanto, um trabalho recente da OCDE mostrou que a ação privada em matéria de adaptação - seja ao nível das famílias ou das empresas - está a ficar aquém da sensibilização (Kato *at al.*, 2014). As falhas do mercado, os exemplos limitados de cooperação público-privada bem sucedida em actividades de adaptação e as disposições institucionais desactualizadas podem atuar como barreiras ao investimento privado na adaptação às alterações climáticas.

Muitos dos benefícios da adaptação são locais e privados, o que pode constituir um poderoso incentivo aos investimentos privados para gerir esses riscos. No entanto, um trabalho recente da OCDE demonstrou que a ação privada em matéria de adaptação - seja a nível das famílias ou das empresas - está atrasada em relação à sensibilização (Agrawala *at al.*, 2011). As falhas do mercado, os exemplos limitados de cooperação público-privada bem sucedida em actividades de adaptação e as disposições institucionais desactualizadas podem atuar como barreiras ao investimento privado na adaptação às alterações climáticas. Algumas empresas já começaram a investir na gestão dos riscos e na resposta a novas oportunidades decorrentes de um clima em mudança (Agrawala *et al.*, 2011). As capacidades, os incentivos e a consciência do risco desempenham um papel importante no incentivo à ação. As parcerias entre os sectores público e privado podem ajudar a aumentar a sensibilização, reforçar as capacidades e garantir a existência dos incentivos adequados.

2.3.6.2 Financiamento da adaptação às alterações climáticas nos países em desenvolvimento

A adaptação e o desenvolvimento estão intrinsecamente ligados. Os membros do Comité de Ajuda ao Desenvolvimento (CAD) da OCDE estão a trabalhar em conjunto para integrar a adaptação às alterações climáticas em todas as suas actividades de desenvolvimento a nível nacional, setorial, de projeto e local (OCDE, 2009).

O total dos compromissos de ajuda bilateral relacionada com a adaptação assumidos pelos membros do CAD da OCDE atingiu 9,3 mil milhões de USD por ano em 2010-2012, representando 7,1 % do total da ajuda pública ao desenvolvimento (Estatísticas do CAD da OCDE, 2014).

A adaptação e o desenvolvimento estão intrinsecamente ligados. Os membros do Comité de Ajuda ao Desenvolvimento (CAD) da OCDE estão a trabalhar em conjunto para integrar a adaptação às alterações climáticas em todas as suas actividades de desenvolvimento a nível nacional, setorial, de projeto e local (OCDE, 2009).

O total dos compromissos de ajuda bilateral relacionada com a adaptação assumidos pelos membros do CAD da OCDE atingiu 9,3 mil milhões de dólares por ano em 2010-2012, representando 7,1% do total da ajuda pública ao desenvolvimento (Estatísticas do CAD da OCDE, 2014a). A OCDE analisou recentemente as abordagens utilizadas para monitorizar e avaliar a adaptação na cooperação para o desenvolvimento e identificou exemplos de boas práticas emergentes neste domínio (Lamhauge *at al.,* 2011). Dada a perspetiva de longo prazo da maioria das iniciativas de adaptação, é importante incluir claramente os efeitos das futuras alterações climáticas ao selecionar indicadores e gerar linhas de base. Para além do papel fundamental do financiamento externo do desenvolvimento, o sector privado também tem um papel a desempenhar no apoio à adaptação nos países em desenvolvimento. A nível local, a análise da OCDE sobre o microfinanciamento no Bangladesh concluiu que 70% das carteiras existentes dos mutuantes de microfinanciamento analisados apoiavam a adaptação às alterações climáticas (Agrawala e Carraro, 2010). A longo prazo, instrumentos como o microfinanciamento têm potencial para serem auto-sustentáveis, mas é necessário financiamento público para testar novos métodos e iniciar novos projectos a curto prazo.

2.3.7 O Ruanda e as alterações climáticas

Desde o ano 2000, o Governo do Ruanda (GoR) tem vindo a desenvolver aspirações de desenvolvimento a longo prazo, precedidas pela visão 2020. Atualmente, o Ruanda procura passar para o estatuto de país de rendimento médio até 2035 e para o estatuto de país de rendimento elevado (HIC) até 2050. Estas ambições serão implementadas através de uma série de estratégias de sete anos, conhecidas como Estratégias Nacionais de Transformação (ENT1) (Ministério das Finanças e do Planeamento Económico [MINECOFIN], 2017), apoiadas por estratégias sectoriais abrangentes que visam alcançar os Objectivos de Desenvolvimento Sustentável. A gestão do ambiente e das alterações climáticas é considerada no âmbito da NST1 como um dos principais factores a ter em conta para alcançar o desenvolvimento sustentável. Se a deterioração do ambiente e os choques provocados pelas alterações climáticas não forem verdadeiramente abordados, os meios de subsistência tornar-se-ão mais ameaçados neste planeta. Segundo Munasinghe (2002), as questões ambientais e as alterações climáticas afectam negativamente a segurança humana através da fome causada pelas inundações e secas, dos problemas de saúde causados pelo calor extremo e pelas inundações, da desnutrição, das doenças e das mortes. A OCDE (2015) reiterou que as temperaturas elevadas resultam da deterioração do ambiente e das graves consequências das alterações climáticas e prejudicam fortemente as condições socioeconómicas. Além disso, conduz à estagnação económica e à pobreza persistente, especialmente nos países menos desenvolvidos. Todas as nações estão a enfrentar as consequências e os custos das alterações climáticas durante o século XXI e irão colocar problemas económicos, sociais e políticos que irão desafiar a implementação bem-sucedida dos Objectivos de Desenvolvimento Sustentável (SDGs) (Koubi, 2016). Para fazer face aos danos ambientais e aos efeitos das alterações climáticas, o Governo do Ruanda adoptou programas, políticas e disposições institucionais de mitigação e adaptação a todos os níveis do país. Existe um Ministério do Ambiente (MdE) que coordena todas as políticas e programas ambientais e de alterações climáticas a nível nacional, setorial e até ao nível local.

2.3.7.1 Governação nacional do ambiente e das alterações climáticas

Como um dos países em desenvolvimento, o Ruanda continua a demonstrar esforços significativos para mobilizar mais recursos para responder às alterações climáticas, quer a nível local quer internacional. Este facto mostra uma forte necessidade de uma governação robusta das alterações climáticas para garantir a utilização racional dos fundos mobilizados para as alterações climáticas. No Ruanda, a estrutura institucional nacional das alterações climáticas está definida de acordo com os requisitos dos fundos nacionais e internacionais de proteção do ambiente e das alterações climáticas. Os fundos para o ambiente e as alterações climáticas são principalmente mobilizados, desembolsados e gastos ao abrigo dos sistemas nacionais de gestão financeira e respeitando os termos e condições internacionais. Além disso, todas as operações relacionadas com o ambiente e as alterações climáticas são coordenadas por um ministério coordenador. A estrutura nacional de governação do ambiente e das alterações climáticas é composta principalmente pelas seguintes instituições-chave

Ministério do Ambiente (MdE): É o ministério coordenador e é o órgão mandatado para conceber políticas de ambiente e alterações climáticas e supervisionar todos os compromissos nacionais e internacionais em matéria de ambiente e alterações climáticas assumidos pelo governo do Ruanda. É o mesmo ministério que é a entidade acreditada para satisfazer os requisitos de financiamento do GCF.

Autoridade de Gestão Ambiental do Ruanda (REMA): É uma instituição afiliada ao MdE com a missão principal de promover e assegurar a proteção do ambiente e a gestão sustentável dos recursos naturais através de estruturas descentralizadas de governação. É também uma entidade designada no GCF em nome do Governo do Ruanda.

Fundo Verde Nacional (FONERWA): É uma instituição nacional responsável pela gestão e canalização de fundos ambientais e de alterações climáticas através de projectos públicos e privados que visam promover a economia do crescimento verde e a resiliência às alterações climáticas.

O FONERWA é a entidade nacional de implementação de acordo com os requisitos do GCF para se qualificar para os seus fundos.

2.3.7.2 Perfil das alterações climáticas do país

Conforme salientado pelo Ministério do Ambiente, anteriormente conhecido como Ministério dos Recursos Naturais (MINIRENA), o Ruanda é um país caracterizado por um clima moderado e uma precipitação comparativamente elevada. O Ruanda tem quatro grandes áreas climáticas, incluindo: as planícies orientais, o planalto central, as terras altas e as regiões em redor do Lago Kivu. As planícies orientais recebem entre 700 mm e 1.100 mm de precipitação por ano, com uma média anual de temperatura que varia entre 20°C e 22°C. A pluviosidade anual da região do planalto central situa-se entre 1.100 mm e 1.300 mm, com uma temperatura média anual entre 18°C e 20°C, enquanto as terras altas (a cordilheira do Congo-Nilo e as cadeias vulcânicas de Birunga) registam uma pluviosidade anual entre 1.300 mm e 1.600 mm e uma temperatura média anual entre 10°C e 18°C. As áreas próximas do Lago Kivu e das planícies de Bugarama têm uma precipitação anual entre 1.200 mm e 1.500 mm, com uma temperatura média entre 18°C e 22°C por ano (MINIRENA, 2010). O Ruanda está a enfrentar gradualmente os efeitos das alterações climáticas e caracteriza-se por uma precipitação intensa e imprevisível que deverá aumentar entre 5% e 10% (REMA, 2017).

As experiências anteriores de alterações climáticas colocaram vários desafios a diferentes regiões do país e tiveram impactos socioeconómicos negativos significativos. O oeste montanhoso enfrentou uma forte erosão, algumas partes do centro, norte e sul sofreram graves inundações, e o leste e sudeste sofreram secas e desertificação. As regiões acima referidas enfrentaram também problemas relacionados com a segurança alimentar, uma vez que a maioria dos seus habitantes depende da agricultura e das actividades pastoris (Ministério dos Negócios Estrangeiros dos Países Baixos, 2018). Na cidade de Kigali, durante os anos de 2013 e 2014, os efeitos das alterações climáticas, especialmente as inundações, devastaram um lucro líquido das empresas urbanas no valor de 22% de 350 empresas (Tsinda, 2019).

Além disso, nos últimos cinco anos, as alterações climáticas afectaram negativamente os meios de subsistência no Ruanda, onde o Ministério da Gestão de Emergências (MINEMA) registou 685 mortos e 642 feridos.

Para além de custarem vidas humanas, as catástrofes provocadas pelas alterações climáticas destruíram um número significativo de casas e de hectares de culturas. No período acima referido, foram danificadas 40 438 casas e 33 194 hectares de culturas em todo o país, de acordo com a figura 2. Eventos perigosos como as secas tiveram impactos dramáticos em todos os sectores económicos importantes, incluindo a agricultura, as infra-estruturas e a saúde. As secas afectaram o maior número de pessoas no Ruanda. As inundações, por si só, afectaram 2 012 150 pessoas no período de 1974-2018 (Gabinete das Nações Unidas para a Redução do Risco de Catástrofes [UNDRR], 2020).

2.3.7.3 Projeto Gicumbi Verde

O Projeto Gicumbi Verde é uma alcunha do projeto oficial conhecido como "Reforço da Resiliência Climática nas Comunidades Rurais da Província do Norte". Este projeto contribui para a conservação do ambiente e a resiliência às alterações climáticas através de quatro componentes principais mencionadas e descritas a seguir (i) Proteção da Bacia Hidrográfica e Agricultura Resiliente às Alterações Climáticas: A maior parte das actividades desta componente centra-se nos trabalhos destinados a proteger a bacia hidrográfica de Muvumba. As principais acções de intervenção incluem a construção de tampões de barrancos e barragens de retenção, valas de infiltração e fogões de cozinha, bem como a plantação de árvores, arbustos e bambu em 30 km, (ii) Gestão Florestal e Energia Sustentável: Serão plantadas árvores em 1.375 km, 50 ha de agrofloresta, 1.250 ha de reabilitação florestal, (iii) Assentamentos Resilientes ao Clima: Isto inclui com a construção de 200 unidades de casas verdes nos sectores de Kaniga e Rubaya com 2.300 unidades de biogás doméstico e 8 biogás institucionais, (iii) Transferência de conhecimentos e integração: 73.960 membros da comunidade e 780 funcionários do governo e da sociedade civil em curso de formação em silvicultura e construção resilientes ao clima, gestão de bacias hidrográficas e assentamentos verdes e 40 viveiros de árvores, cultivadores de árvores e cooperativas de apicultura estabelecidas.

2.4 Quadro concetual

Este quadro concetual é considerado como o caminho do estudo através do qual o investigador pretende demonstrar como a causa produz um efeito. Assim, a mitigação e a adaptação às alterações climáticas são a causa que pode permitir a sobrevivência das pessoas afectadas pelas alterações climáticas. Por conseguinte, a realização dessas actividades está a influenciar as condições de vida socioeconómicas da população de Gicumbi, com a ajuda das leis e regulamentos do Governo do

Ruanda.

Figura 1: Quadro concetual

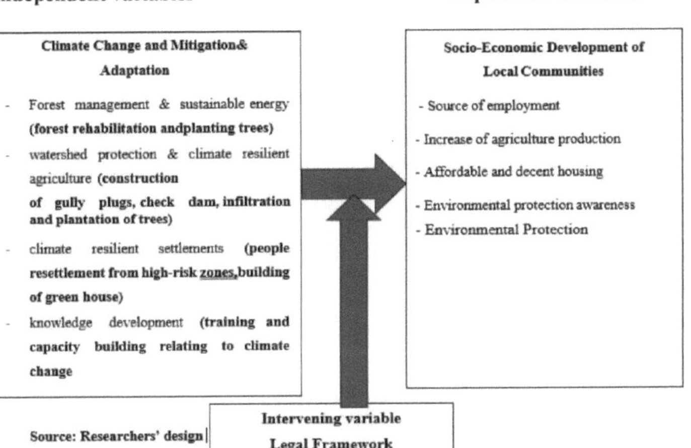

O quadro acima apresenta a Variável Independente (IV), que é constituída pelos projectos de mitigação e adaptação às alterações climáticas, que consistem na gestão florestal e no desenvolvimento sustentável, na proteção das bacias hidrográficas e na agricultura resiliente às alterações climáticas, nas povoações resilientes às alterações climáticas e no desenvolvimento do conhecimento.

A variável dependente (VD), que é o desenvolvimento socioeconómico das comunidades locais, é constituída por fontes de emprego, aumento da produção agrícola, habitação acessível e digna, sensibilização para a proteção do ambiente e proteção do ambiente. Existem também as variáveis intervenientes, que são as políticas governamentais, a parceria internacional e a parceria do sector privado. No que diz respeito à sua interligação, os projectos de mitigação e adaptação às alterações climáticas, através das suas actividades, podem conduzir ao desenvolvimento socioeconómico das comunidades locais, no entanto, existem ainda os factores influentes externos (variáveis intervenientes) que influenciam os resultados de forma negativa ou positiva, neste estudo esses factores influentes externos são o quadro jurídico.

2.5 Lacuna na literatura

Numerosos estudos exploraram a intersecção entre alterações climáticas, atenuação, adaptação e desenvolvimento. Por exemplo, Klein et al. (2005) examinaram a integração da atenuação e da adaptação nas políticas de alterações climáticas e de desenvolvimento. Do mesmo modo, a OCDE (2009) forneceu orientações sobre a prioridade a dar à integração da adaptação às alterações climáticas na cooperação para o desenvolvimento. Outros trabalhos, como o de Favretto et al. (2018), investigaram a forma como as políticas fundiárias e os projectos de recuperação de ecossistemas podem interligar os esforços de mitigação, adaptação e desenvolvimento.

No entanto, existe uma lacuna notável na investigação que avalia especificamente o impacto do Projeto Gicumbi Verde no desenvolvimento socioeconómico das comunidades locais. A informação existente sobre o projeto limita-se a alguns relatórios dos meios de comunicação social que destacam principalmente a sua implementação, resultados preliminares e efeitos no bem-estar da comunidade (Igihe, 2021; KTPress, 2022; Panorama, 2022). Não existem estudos académicos exaustivos que analisem os impactos socioeconómicos mais amplos do projeto, o que sublinha a necessidade de mais investigação nesta área.

Capítulo 3: Metodologia de investigação para avaliar a Perceção da Comunidade

3 Introdução

Este capítulo apresenta as técnicas, os métodos, a população-alvo e as abordagens conexas que foram aplicadas durante a recolha e a análise dos dados.

3.2 Designação da investigação

Um projeto de investigação é o "procedimento de recolha, análise, interpretação e comunicação de dados em estudos de investigação" (Creswell e Clark, 2007). Por outras palavras, a conceção da investigação define o procedimento relativo aos dados necessários, os métodos a aplicar para recolher e analisar esses dados e a forma como tudo isto vai responder à pergunta de investigação (Grey, 2014).

Devido à natureza do estudo, foram aplicadas concepções qualitativas e quantitativas para conseguir encontrar respostas fiáveis às questões de investigação, de modo a que os investigadores possam atingir os objectivos da investigação.

3.3 Descrição da área de estudo

O estudo foi realizado no Distrito de Gicumba, um dos 30 distritos do Ruanda, situado na Província do Norte do Ruanda, partilhando fronteiras com o Distrito de Burera a noroeste, o Distrito de Rulindo a oeste e a República do Uganda a norte. Está estrategicamente localizado como porta de entrada para o Ruanda através de Gatuna, um dos principais postos fronteiriços.

3.3.1 Ambiente físico

O distrito de Gicumbi cobre uma área de aproximadamente 829

quilómetros quadrados com uma densidade de 541,5/km^2 (NISR, 2022).
Isto torna-o um dos maiores distritos do Ruanda, com a sua vasta área
de terra caracterizada por colinas e vales férteis. O extenso terreno do
distrito suporta uma série de actividades agrícolas, incluindo o cultivo
de chá e café, que são importantes para a sua economia.

O distrito apresenta um relevo acidentado e montanhoso, caraterístico
da paisagem do Ruanda. Faz parte da divisão Congo-Nilo, com altitudes
que variam entre 1.600 e 2.800 metros acima do nível do mar. O distrito
de Gicumbi tem um **clima fresco e temperado**, em grande parte
influenciado pelo seu terreno de elevada altitude. A área inclui solos
férteis e um clima fresco, adequado para a agricultura.

A temperatura média anual varia entre **15°C e 20°C**. O clima mais
fresco torna-o adequado para culturas como o chá, o café e a batata-
inglesa. O distrito recebe uma precipitação significativa, variando **entre
1.200 e 1.500 mm por ano**, distribuída por duas estações chuvosas
principais: **chuvas longas** de março a maio e **chuvas curtas de**
setembro a novembro. A precipitação favorece a agricultura, mas as
chuvas fortes provocam ocasionalmente a erosão dos solos nas zonas
montanhosas. Há também dois períodos relativamente secos que
ocorrem entre **junho-agosto** e **dezembro-fevereiro**, mas podem ainda
ocorrer aguaceiros ligeiros durante estes períodos. O distrito tem
geralmente uma **humidade moderada** devido à sua altitude e à
proximidade de áreas florestais. Os ventos são suaves mas podem
aumentar durante as estações chuvosas.

Por conseguinte, o clima é ideal para a agricultura e a pecuária, que
constituem a espinha dorsal da economia do distrito.

3.3.2 Ambiente humano

De acordo com o censo mais recente (NISR, 2022), o distrito de
Gicumbi tem uma população de aproximadamente **448.824** pessoas
com **1,3% de variação anual da população [2012 → 2022]**. A
densidade populacional (**541,5/km^2, 2022**) é relativamente elevada
devido à aptidão do distrito para a agricultura e ao seu papel como
centro de comércio perto da fronteira.

O distrito está dividido em 21 sectores (**imirenge**), incluindo Byumba, Kageyo, Rutare, Cyumba, e Rushaki, entre outros. Estes sectores estão ainda subdivididos em células (**utugari**) e aldeias (**imidugudu**) (ver Apêndice 13, Mapa Administrativo).

3.4 População-alvo

Uma população refere-se ao número total de elementos abrangidos pela questão de investigação (Manheim, 1981). Scott *et al.* (2008) define uma população do estudo como qualquer grupo de pessoas ou organizações, assuntos ou acontecimentos sobre os quais o investigador pretende tirar conclusões, enquanto qualquer membro dessa população é designado por caso.

A população-alvo do estudo são os residentes do sector de Byumba, mas especificamente aqueles que participam na implementação dos projectos ou aqueles que foram diretamente afectados pelos projectos, ou seja, aqueles cujas terras foram preparadas, receberam casas a preços acessíveis, etc., outros são os implementadores dos projectos Gicumbi Verde, tais como os funcionários dos Fundos Verdes do Ruanda e os funcionários governamentais locais cujas responsabilidades estão relacionadas com a implementação dos projectos.

O número total da população-alvo é de 900, subdividida nas categorias acima referidas.

3.5 Amostragem

Grinell e Williams (2014) definem a amostragem como o processo de seleção de pessoas, casos ou itens para participar neste estudo de investigação.

3.5.1 Dimensão da amostra

A dimensão mínima ajustada da amostra é calculada através da determinação da função de variabilidade, do método estatístico, do poder e da diferença pretendida. Antes de identificar a amostra de inquiridos nesta investigação, é necessário indicar como é determinada a dimensão da amostra.

Para determinar a dimensão da amostra, foi utilizada a seguinte fórmula, concebida por Yamane em 1967, como indicado abaixo.

$$n = \frac{N}{1+N(e)2}$$

Onde, **n** é a dimensão da amostra;

N é a dimensão da população e é um erro marginal

So, the sample size is $n = \frac{900}{1+900(0.1)2}$

$$n = \frac{900}{10} = 90$$

n= 90; então a dimensão da amostra é 90.

Por conseguinte, foi selecionada uma amostra de 90 pessoas de toda a população-alvo e a secção seguinte apresenta as técnicas de amostragem utilizadas para determinar os inquiridos.

3.5.2 Técnica de seleção da amostra

Para determinar a amostra que representa a população do estudo, foi utilizada a técnica de amostragem intencional. De acordo com William *et al.* (2016), a amostragem intencional é uma amostragem criteriosa em que a investigação seleciona propositadamente um determinado grupo ou indivíduos pela sua relevância para a investigação. Kenneth (2016) afirma que a amostragem intencional é um procedimento de amostragem com base na probabilidade em que o investigador utiliza as suas competências de investigação e faz juízos de valor para selecionar os inquiridos que melhor satisfazem os requisitos do seu estudo de investigação. Ao selecionar o tamanho da amostra entre toda a população-alvo, como já foi referido, foi utilizada a técnica de amostragem intencional para selecionar os inquiridos que têm mais informações sobre o projeto de implementação, uma vez que participam na sua implementação e são diretamente afectados por ele.

Em relação aos implementadores do Projeto Gicumbi Verde, os investigadores certificam-se de que todos os departamentos estão representados, selecionando os chefes de cada departamento, ou seja, chefe de resiliência climática, gestão florestal, povoamento resiliente ao clima e desenvolvimento e mobilização de conhecimentos. Em relação aos inquiridos das comunidades locais, os investigadores consideram os indivíduos que foram afectados pelas actividades do projeto (deslocados para a aldeia modelo verde, os proprietários de florestas que foram reabilitadas, para citar apenas alguns).

3.6Técnicas de recolha de dados

Para assegurar uma recolha de dados exaustiva e fiável, foram utilizadas várias técnicas. Estas técnicas foram selecionadas com base na sua capacidade de recolher informações exactas e pertinentes para o estudo. As técnicas utilizadas são descritas a seguir.

3.6.1 Técnica de entrevista

De acordo com Richard (1990), uma entrevista de investigação é uma técnica de recolha de dados destinada principalmente a obter informações. É particularmente útil em situações em que os inquiridos alegam não ter tempo suficiente para preencher um questionário. Neste estudo, as entrevistas foram realizadas principalmente com os funcionários do Fundo Verde do Ruanda e com os funcionários do governo local responsáveis pela implementação do projeto.

3.6.2 Técnica de questionário

De acordo com Yin (1994), os questionários são instrumentos de inquérito destinados a ser utilizados em inquéritos enviados por correio ou presenciais. Trata-se de uma técnica em que o investigador estabelece uma série de perguntas que coloca para recolher os dados necessários, o que ajuda a evitar qualquer ambiguidade. Os inquéritos foram realizados pessoalmente junto dos residentes do sector de Byumba que participam na implementação diária do Projeto Gicumbi Verde, bem como junto daqueles que foram diretamente afectados pela sua implementação.

3.6.3 Técnica de documentação

De acordo com Keterede (1996), a técnica de documentação consiste em utilizar a literatura científica para explorar e analisar informações relacionadas com um problema específico. Este método baseia-se na análise de documentos relevantes para a área de estudo, tais como relatórios, investigações anteriores e livros. A técnica de documentação é particularmente útil para a obtenção de conhecimentos e de perspectivas existentes. Neste estudo, permitiu aos investigadores consultar relatórios e avaliar a extensão dos resultados do projeto.

3.7 Validade e fiabilidade

Os dados recolhidos nos campos devem ser válidos e fiáveis, e a seguir apresentam-se técnicas que foram utilizadas pelos investigadores para minimizar o risco de recolha de dados tendenciosos ou falsos.

3.7.1 Validade

A validade refere-se ao grau em que os resultados obtidos a partir da análise dos dados representam com exatidão o fenómeno em estudo (Kerosi e Kaysiime, 2013). Para garantir a validade dos dados recolhidos, os investigadores realizaram pessoalmente as entrevistas para evitar exercer qualquer influência sobre os inquiridos que pudesse conduzir a respostas tendenciosas. Além disso, com a ajuda de outros peritos, os investigadores analisaram e avaliaram as técnicas de recolha de dados para confirmar que mediam efetivamente o que se pretendia medir.

3.7.2 Fiabilidade

A fiabilidade refere-se à medida em que as técnicas de recolha de dados ou os procedimentos de análise produzem resultados consistentes (Saunders et al., 2009). Para garantir a fiabilidade, os investigadores realizaram pré-testes e retestes das ferramentas da entrevista e do questionário. A utilização de entrevistas também aumentou a fiabilidade ao permitir que os participantes respondessem de forma imparcial, sem a influência de factores temporais ou situacionais. Para o questionário, a utilização do Arc Geographic Information System (ArcGIS) Survey123, em vez de métodos manuais, minimizou as hipóteses de introdução de enviesamento nos dados recolhidos.

3.8 Métodos de tratamento de dados

O tratamento dos dados foi utilizado para transformar as opiniões dos inquiridos em testes significativos. Para o efeito, procedeu-se à edição, codificação e tabulação dos dados, de modo a facilitar o seu tratamento.

3.8.1 Edição

Mbaaga (2009), definiu a edição como o processo através do qual os erros na entrevista preenchida, no programa e nas perguntas do correio são identificados sempre que possível. No caso de algumas respostas pouco claras, os investigadores voltaram a contactar os inquiridos para os fazer clarificar as suas respostas.

3.8.2 Codificação

A egundo Kakooza (2011), a codificação refere-se à atribuição de um símbolo ou de um número a uma resposta para efeitos de identificação. Esta foi utilizada para resumir os dados através da classificação de diferentes respostas, que foram transformadas em categorias para facilitar a interpretação e a análise.

3.8.3 Tabulação

Foram utilizadas tabelas de distribuição de frequências após a edição e codificação dos dados. As tabelas foram construídas de acordo com os temas principais do questionário para resumir todos os resultados do estudo.

3.9 Métodos de análise de dados

De acordo com Saunders et al. (2019), um método refere-se a um conjunto sistemático de passos aplicados logicamente para atingir um objetivo específico. Neste estudo, foram empregues métodos históricos, analíticos e sintéticos para processar e interpretar os dados, conforme descrito abaixo.

3.9.1 Método histórico

O método histórico, muitas vezes referido como abordagem diacrónica, centra-se na análise de factos ou dados dentro de um período definido, dando ênfase à evolução dos acontecimentos ao longo do tempo (Scott e Marshall, 2015). Esta abordagem é crucial para compreender a progressão dos acontecimentos passados, identificar as suas causas e avaliar os seus resultados. Neste estudo, o método histórico foi utilizado para analisar cronologicamente os efeitos do Projeto Gicumbi Verde desde o seu início até ao presente, permitindo aos investigadores traçar a sua evolução e avaliar as suas realizações ao longo do tempo.

3.9.2 Método analítico

O método analítico implica um exame sistemático dos dados recolhidos, decompondo-os em componentes individuais para uma análise pormenorizada (Bryman, 2021). Este método coloca a tónica no exame de cada elemento para extrair conclusões significativas. Foi utilizado neste estudo para analisar profundamente os dados primários recolhidos dos inquiridos, centrando-se nos impactos dos projectos de adaptação e mitigação climática nas comunidades locais.

3.9.3 Método sintético

O método sintético integra vários elementos num todo coerente, permitindo uma compreensão abrangente dos dados na sua totalidade (Saunders et al., 2019). Esta abordagem foi utilizada para sintetizar os dados relevantes, garantindo que apenas as informações exactas e significativas fossem incluídas nas conclusões. Ajudou a rejeitar dados irrelevantes, conduzindo a uma apresentação coesa dos resultados.

3.9.4 Análise estatística

De acordo com Spiegel (1992), a estatística envolve a ciência da recolha, organização, apresentação, análise e interpretação de dados para ajudar a tomar decisões eficazes.

Tabela 1: Escala de interpretação dos valores da média e do desvio-padrão

Metric	Range	Interpretation
Mean Value	0–0.66	Low Agreement
	0.67–1.33	Moderate Agreement
	1.34–2.00	High Agreement
Standard Deviation Value	0–0.50	Low Variability
	0.51–1.00	Moderate Variability
	>1.00	High Variability

Source: Saunders, Lewis, and Thornhill, (2019).

Em resumo, a análise dos dados baseou-se fortemente em estatísticas descritivas, incluindo frequências e percentagens, média e desvio padrão para resumir e apresentar os resultados de forma eficaz.

3.10 Considerações éticas

Durante a realização desta investigação, os investigadores tiveram em conta a ética, a fim de estabelecer uma relação com os inquiridos e existe informação sobre o consentimento na realização da investigação, os investigadores obtêm autorização dos inquiridos para participar na investigação. Os investigadores solicitaram à direção do Projeto Green Gicumbi e aos funcionários da administração local do sector de Byumba que autorizassem os seus empregados a participar na entrevista e a responder ao questionário, o que exigiu uma carta de autorização. Os investigadores permitiram que os inquiridos fossem livres durante a recolha de dados. A menção de nomes poderia parecer uma coação, pelo que os nomes dos inquiridos foram evitados.

3.11 Limitações do estudo

Durante o processo de realização do estudo, o investigador deparou-se com as seguintes limitações: obter a autorização do FONERWA para realizar a investigação no Green Gicumbi devido a um processo administrativo, atrasar a fase de recolha de dados e, consequentemente, a conclusão do trabalho. Apesar de o processo ter demorado muito tempo e ser dispendioso em termos de transporte, os investigadores conseguiram obter os dados necessários. Por outro lado, alguns inquiridos pertencentes à amostra não se sentiram à vontade para responder a

O questionário do investigador, mas ao garantir-lhes a privacidade e o anonimato, também se aperceberam da importância da investigação. Todo este processo também atrasou a execução do trabalho.

Capítulo 4: Conclusões das percepções das comunidades locais sobre alterações climáticas, mitigação e adaptação

4 Introdução

T ste capítulo apresenta os resultados recolhidos na investigação no terreno, juntamente com uma análise, interpretação e discussão pelos investigadores. Estas conclusões são apoiadas pela literatura existente e fornecem uma visão das percepções da comunidade local sobre as alterações climáticas, a atenuação e a adaptação.

4.2 Perfil demográfico dos inquiridos

O perfil demográfico é fundamental em estudos como o projeto Green Gicumbi, porque fornece informações sobre a forma como os diferentes grupos de uma comunidade vivem e percebem as questões das alterações climáticas, bem como a sua participação no projeto.

Esta subsecção descreve as caraterísticas demográficas dos participantes no estudo. É essencial compreender os principais factores demográficos, como a idade, o sexo, o estado civil, a categoria Ubudehe, a profissão e o estatuto de incapacidade, uma vez que podem influenciar significativamente as percepções, experiências e vulnerabilidades dos indivíduos relacionadas com as alterações climáticas. Estes factores moldam a forma como as pessoas respondem aos impactos climáticos e participam nas estratégias de adaptação, salientando a necessidade de intervenções orientadas e inclusivas que abordem as necessidades específicas de diversos grupos comunitários.

4.2.1 Idade dos inquiridos

A apresentação da idade num estudo como o Projeto Gicumbi Verde é crucial para compreender o perfil demográfico da população e conceber intervenções que respondam às necessidades específicas de diferentes grupos etários. À medida que os indivíduos amadurecem, a sua compreensão do fenómeno em estudo aprofunda-se frequentemente, influenciando as suas percepções e o seu envolvimento. A distribuição etária dos inquiridos, como se mostra no Quadro 1, fornece uma visão dos diferentes níveis de maturidade e do seu potencial envolvimento nas actividades do Projeto Gicumbi Verde. A identificação destes grupos etários ajuda a avaliar a sua capacidade e prontidão para participar efetivamente nas iniciativas do projeto

Quadro 2: Distribuição etária dos inquiridos

Age Range (Years)	Number of Respondents	Percentage (%)
18–25	25	27.7
26–35	40	44.4
36–45	15	16.6
46–55	6	6.6
≥56	4	4.4

Source: Field Data, August 2022

Os resultados mostram que 44,4% dos inquiridos se situam na faixa etária dos 26-35 anos, seguidos de 27,7% na faixa dos 18-25 anos. Estes grupos representam a maioria, provavelmente devido à natureza das actividades do Projeto Gicumbi Verde, que atraem a participação ativa de indivíduos mais jovens e de meia-idade.

4.2.2 Género dos inquiridos

A identificação dos inquiridos por género é fundamental para compreender a composição demográfica e garantir uma representação equitativa.

A distribuição por género é resumida no Quadro 3, destacando o equilíbrio entre participantes masculinos e femininos.

Quadro 3: Distribuição dos inquiridos por género

Gender	Number of Respondents	Percentage (%)
Male	46	51.1
Female	44	48.8

Source: Field Data, August 2022

A Tabela 3 mostra a distribuição por género dos inquiridos, sendo 51,1% do sexo masculino e 48,8% do sexo feminino. Isto indica uma ligeira maioria de inquiridos do sexo masculino. No entanto, com base em observações no terreno, os investigadores afirmam que as actividades do projeto atingem equitativamente ambos os sexos, uma afirmação apoiada pelos executores do projeto.

4.2.3 Estado civil dos inquiridos

A inclusão do estado civil dos inquiridos num projeto de alterações climáticas como o Gicumbi Verde serve vários propósitos práticos e analíticos, uma vez que o estado civil pode influenciar a dinâmica do agregado familiar, a afetação de recursos e a participação em iniciativas comunitárias, podendo os leitores considerar esta informação útil para compreender a estrutura demográfica da comunidade. A Tabela 4 abaixo apresenta a distribuição do estado civil

Quadro 4: Estado civil dos inquiridos

Marital Status	Number of Respondents	Percentage
Married	65	72.2
Divorced	1	1.1
Single	16	17.7
Widowed	8	8.8

Source: Field Data, August 2022

Os dados revelam que a maioria dos inquiridos (72,2%) é casada. Uma proporção menor de inquiridos é solteira (17,7%), viúva (8,8%) ou divorciada (1,1%). A predominância de inquiridos casados pode ser atribuída à natureza das actividades implementadas pelo Projeto Gicumbi Verde, centradas no agregado familiar. Ao incorporar o estado civil, o Projeto Gicumbi Verde assegura que as intervenções são inclusivas, equitativas e respondem às realidades socioeconómicas da comunidade, aumentando, em última análise, a eficácia e a sustentabilidade dos esforços de adaptação climática.

4.2.4 Categoria Ubudehe dos inquiridos

Ubudehe é uma prática cultural tradicional ruandesa que se baseia na assistência mútua comunitária. Historicamente, referia-se a esforços colectivos em que os membros da comunidade trabalhavam em conjunto para enfrentar desafios comuns, como a agricultura, a construção de casas ou a resolução de problemas sociais.

No contexto moderno, o Ubudehe foi institucionalizado pelo governo do Ruanda como um sistema de categorização socioeconómica destinado a promover a equidade e o bem-estar social. Agrupa os agregados familiares em categorias com base nos seus níveis de rendimento e condições de vida, permitindo ao governo direcionar e prestar serviços públicos, subsídios e programas de proteção social de forma eficaz.

Assim, nesta investigação, as categorias Ubudehe, que reflectem as capacidades financeiras dos indivíduos, foram avaliadas para compreender a sua ligação às actividades do projeto. O quadro 5 abaixo apresenta a distribuição:

Quadro 5: Categoria Ubudehe dos inquiridos

Ubudehe Category	Number of Respondents	Percentage (%)
I	21	23.3
II	61	67.7
III	7	7.7
IV	0	0
None	1	1.1

Source: Field Data, August 2022

A Tabela 5 mostra que 23,3% dos inquiridos pertencem à primeira categoria de Ubudehe, 67,8% à segunda categoria, 7,7% à terceira categoria e nenhum (0%) à quarta categoria, enquanto 1,12% não têm uma categoria Ubudehe atribuída. Estes resultados indicam que a maioria dos inquiridos se enquadra na segunda categoria Ubudehe, seguida dos que se encontram na primeira categoria. Isto sugere que a maioria dos beneficiários do Projeto Gicumbi Verde está concentrada na primeira e segunda categorias Ubudehe. Estes resultados sublinham que a maioria dos beneficiários do Projeto Gicumbi Verde pertence à primeira (23,3%) e à segunda (67,8%) categorias, o que sugere que o projeto se concentra em agregados familiares financeiramente vulneráveis .

4.2.5 Profissão dos inquiridos

A profissão é um fator demográfico importante a ter em conta no projeto, tal como o projeto Green Gicumbi, e foi tomado em consideração para permitir obter respostas às alterações climáticas mais matizadas e eficazes que atendam às necessidades e capacidades variadas de diferentes grupos dentro da comunidade. Também ajuda a garantir que as intervenções sejam práticas, direcionadas e equitativas, aumentando a resiliência de todos os membros da comunidade. Assim, a profissão dos inquiridos foi considerada para identificar o seu estatuto socioeconómico. A Tabela 6 apresenta os resultados relacionados com o caso.

Quadro 6: Profissão dos inquiridos

Profession	Number of Respondents	Percentage (%)
Salaried in Public Institution	1	1.1
Farmer/Agriculture	30	33.0
Salaried in Private Institution	2	2.2
Trader	13	14.3
Casual Labour	42	46.1
Other	2	2.2

Source: Field Data, August 2022

Os dados revelam que a maioria dos inquiridos (46,1%) trabalha como trabalhador ocasional, seguido dos agricultores (33%). Uma proporção menor trabalha como comerciante (14,3%) ou é assalariada em instituições públicas ou privadas. Isto indica que um número significativo de beneficiários do Projeto Gicumbi Verde tem fontes de rendimento limitadas ou irregulares, o que realça a importância das intervenções do projeto para melhorar os seus meios de subsistência.

4.2.6 Estatuto de incapacidade dos inquiridos

Ao ter em conta as deficiências em projectos como o Green Gicumbi, garante-se que os benefícios do projeto chegam a todos os membros da comunidade, em especial aos mais vulneráveis. Isto pode levar a soluções mais robustas e equitativas para as alterações climáticas. Os projectos inclusivos para pessoas com deficiência também podem fornecer infra-estruturas acessíveis, como caminhos adaptados a cadeiras de rodas ou ferramentas agrícolas adaptáveis, permitindo que as pessoas com deficiência participem plenamente no projeto. Assim, a situação da deficiência foi avaliada para compreender a inclusividade das actividades do projeto. O quadro 7 apresenta as conclusões:

Quadro 7: Estatuto de incapacidade dos inquiridos

Disability Status	Number of Respondents	Percentage (%)
Yes	15	16.6
No	74	82.2

Source: Field Data, August 2022

A maioria dos inquiridos (82,2%) não referiu qualquer deficiência, enquanto 16,6% se identificaram como tendo algum tipo de deficiência, incluindo deficiências relacionadas com os músculos, olhos, ouvidos e outras partes do corpo. Estas conclusões sublinham a necessidade de dar prioridade à inclusão no planeamento e na execução dos projectos, garantindo que as pessoas com deficiência são ativamente consideradas e que lhes são proporcionadas oportunidades equitativas de participar e beneficiar das iniciativas comunitárias.

4.3 Conclusões relacionadas com os objectivos da investigação

Esta secção apresenta e analisa os resultados da investigação derivados das entrevistas com os inquiridos, alinhados com os objectivos do estudo, conforme descrito abaixo: (i) Analisar as percepções e a consciência da comunidade local sobre as alterações climáticas no Distrito de Gicumbi; (ii) Avaliar a eficácia das abordagens baseadas na comunidade na implementação do Projeto Gicumbi Verde para o desenvolvimento socioeconómico e a ação climática sustentável; (iii)

Identificar os desafios enfrentados pelo Projeto Gicumbi Verde na implementação de projectos de mitigação e adaptação às alterações climáticas para alcançar os seus objectivos; e (iv) Propor soluções acionáveis para ultrapassar os desafios encontrados pelo GGP para alcançar os seus objectivos.

4.3.1 Percepções da comunidade local sobre as alterações climáticas no distrito de Gicumbi

O distrito de Gicumbi é uma das zonas do Ruanda susceptíveis de sofrer o impacto do clima: Compreender o estado das percepções da comunidade local sobre as alterações climáticas é essencial para conceber intervenções eficazes e sustentáveis. Ao avaliar a forma como os residentes percepcionam as causas, os efeitos e as potenciais soluções para as alterações climáticas, esta investigação visa descobrir o seu nível de sensibilização, as práticas de adaptação e os desafios enfrentados. Estes conhecimentos não só ajudarão a adaptar os planos de ação climática orientados para a comunidade, como também contribuirão para reforçar os esforços de resiliência e sustentabilidade na região. Os resultados deste primeiro objetivo são as opiniões expressas pelos inquiridos sobre as alterações climáticas, centradas na temperatura, na precipitação e nas estações de chuva.

4.3.1.1 Aumento da temperatura no distrito de Gicumbi durante os últimos trinta anos

O aumento das temperaturas no Gicumbi District nos últimos trinta anos pode ser entendido no contexto das tendências climáticas mais amplas observadas no Ruanda. Vários estudos, tais como (Agência dos Estados Unidos para o Desenvolvimento Internacional [USAID], 2019, Relatórios da Agência de Meteorologia do Ruanda (Anual), Estratégia de Alterações Climáticas e Crescimento Verde do Ruanda (2011) e modelos climáticos indicaram um aumento notável das temperaturas mínimas e máximas em todo o país, incluindo Gicumbi. A Tabela 8 destaca as percepções dos inquiridos sobre o estado da temperatura e o seu aumento durante os últimos 30 anos.

Tabela 8: Percepções da comunidade sobre as mudanças de temperatura nos últimos 30 anos

Perception of Temperature Increase	Number of Respondents	Percentage (%)
Strongly Agree/Agree	88	96.7
Disagree/Strongly Disagree	2	2.2
No Opinion/Neutral	0	0.0

Source: Field data, August 2022

Os resultados revelam um forte consenso entre os inquiridos, com 96,7% a concordar que as temperaturas aumentaram nos últimos 30 anos, o que indica um reconhecimento generalizado dos impactos das alterações climáticas. O mínimo de discordância (2,2%) sugere que apenas uma pequena parte da comunidade pode ter percepções alternativas ou desconhecer as tendências da temperatura. A ausência de respostas neutras realça a experiência clara e direta da comunidade com os efeitos do aumento das temperaturas. Isto sugere fortemente que os aumentos de temperatura conduziram a desafios significativos no Distrito de Gicumbi, incluindo a seca, a redução da produtividade agrícola e uma maior vulnerabilidade a catástrofes relacionadas com o clima. Estas conclusões sublinham a lógica subjacente ao Projeto Gicumbi Verde, que visa mitigar os efeitos adversos do aumento das temperaturas através de medidas de adaptação e mitigação do clima, trabalhando, em última análise, para a normalização do clima na região.

4.3.1.2 A intensidade da precipitação

Compreender a intensidade da precipitação em Gicumbi é essencial para o planeamento de práticas agrícolas sustentáveis, a conceção de infra-estruturas resistentes ao clima e o desenvolvimento de estratégias eficazes de gestão dos recursos hídricos. Para enfrentar estes desafios é necessário integrar o conhecimento local com abordagens científicas para criar resiliência e apoiar os meios de subsistência da comunidade. Procurando conhecer os pontos de vista da população local, a Tabela 9 abaixo apresenta as perspectivas dos inquiridos relativamente à intensidade da precipitação e a distribuição das respostas é resumida da seguinte forma:

Quadro 9: Opinião dos inquiridos sobre a intensidade da chuva

The rainfall became heavy and devastating	Number of Respondents	Percentage (%)
Agree	84	93.4
Disagree	5	5.5
Neutral	1	1.1

Source: Field data, August 2022

A Tabela 9 mostra que 93,4% dos inquiridos concordaram que a precipitação se tornou intensa e devastadora, enquanto 5,5% discordaram. Estes resultados destacam uma perceção significativa de que a precipitação se intensificou durante o período anterior. Isto alinha-se com o Índice de Vulnerabilidade às Alterações Climáticas de 2018 para o Ruanda, que identificou a Província do Norte, incluindo o Distrito de Gicumbi, como uma das áreas mais afectadas pelas alterações climáticas. Em particular, Gicumbi registou o maior número de agregados familiares (160) afectados pelas inundações em comparação com outras províncias. Além disso, os distritos de Gicumbi e Burera foram classificados como os mais vulneráveis na Província do Norte (REMA, 2019). A precipitação intensa, que conduziu a graves inundações e deslizamentos de terras, foi citada como um dos principais factores que contribuíram para a elevada vulnerabilidade do distrito de Gicumbi aos efeitos das alterações climáticas.

4.3.1.3   A duração da estação de chuvas nos últimos 30 anos

Tradicionalmente, Gicumbi tem duas estações chuvosas distintas: as chuvas longas, de março a maio, e as chuvas curtas, de setembro a dezembro. No entanto, tanto os relatos anedóticos como a investigação científica indicam alterações significativas no calendário, intensidade e duração destas estações, provavelmente impulsionadas pelas alterações climáticas globais e por factores ambientais locais, como a desflorestação e as alterações na utilização dos solos.

Esta secção avalia as percepções da comunidade local sobre as mudanças na duração das estações de precipitação no Distrito de Gicumbi ao longo das últimas três décadas. Compreender estas percepções é vital para encorajar o envolvimento da comunidade em estratégias adaptativas para mitigar os impactos socioeconómicos da variabilidade climática. A Tabela 10 resume as opiniões dos inquiridos sobre se as estações de precipitação encurtaram durante este período.

Tabela 10: Percepções das mudanças na duração da estação das chuvas nos últimos 30 Anos

Responses	Number of Respondents	Percentage (%)
Agree	79	88
Disagree	9	10
Neutral	2	2

Source: Field data, August 2022

A Tabela 10 ilustra as percepções dos inquiridos sobre as mudanças na duração da estação de chuvas nos últimos 30 anos. Uma esmagadora maioria, 88%, concordou que as estações de precipitação se tornaram mais curtas, enquanto 10% discordaram e 2% permaneceram neutros. Os resultados sublinham um consenso significativo de que a duração das estações de precipitação diminuiu ao longo dos anos. Apesar desta contração na duração, os inquiridos sublinharam que a precipitação nestes períodos mais curtos tem sido invulgarmente intensa, resultando em chuvas torrenciais e impactos devastadores. Esta mudança nos padrões de precipitação coloca desafios substanciais à agricultura, à gestão da água e à preparação para catástrofes na região.

4.3.1.4 Perturbação dos agricultores devido à confusão entre as estações das chuvas e da seca

As recentes alterações nos padrões sazonais no distrito de Gicumbi, no Ruanda, perturbaram os calendários tradicionais de plantação e colheita dos agricultores devido às alterações climáticas. A imprevisibilidade das estações chuvosas e secas levou a desafios no planeamento agrícola, afectando o rendimento das culturas e a segurança alimentar. Esta perturbação também causa stress económico aos agricultores que dependem das suas colheitas para sobreviver e obter rendimentos. Esta secção pretende examinar as percepções da comunidade local sobre se estão conscientes das perturbações que afectam os seus meios de subsistência, conforme detalhado no Quadro 11.

Quadro 11: Perturbação das estações do ano e seu impacto nos meios de subsistência dos agricultores

Response	Number of Respondents	Percentage (%)
Agree	85	94.5
Disagree	3	3.3
Neutral	2	2.2

Source: Field data, August 2022

O quadro 11 revela que uma maioria substancial (94,5%) dos inquiridos concorda que

as perturbações nos padrões sazonais causaram confusão entre os agricultores quanto à altura das estações das chuvas e da seca. Em contrapartida, apenas 3,3% discordaram e 2,2% permaneceram neutros. Estas respostas sugerem que as alterações climáticas alteraram significativamente os padrões sazonais tradicionais, resultando em estações chuvosas e secas mais precoces, mais curtas ou mais imprevisíveis. Estas alterações têm implicações profundas nos ciclos agrícolas, provocando danos nas colheitas, uma vez que os agricultores lutam para sincronizar as suas práticas agrícolas com as alterações climáticas. Consequentemente, a perturbação da sazonalidade teve um impacto considerável na produtividade agrícola e nos meios de subsistência dos agricultores, exacerbando os desafios que estes enfrentam para se adaptarem a estas alterações.

4.3.1.5 Redução observada na produção agrícola

Nos últimos anos, as alterações climáticas tiveram um impacto significativo na produção agrícola, levando a reduções observáveis nos rendimentos em várias regiões do Ruanda e noutras áreas do mundo. Estas alterações, impulsionadas por padrões meteorológicos imprevisíveis, flutuações de temperatura e alterações da precipitação, colocaram desafios aos agricultores e às práticas agrícolas. Neste contexto, é crucial avaliar a forma como estas alterações climáticas estão a afetar a produtividade agrícola local. A Tabela 12 apresenta as conclusões sobre se os inquiridos observaram uma redução na produção agrícola, esclarecendo a dimensão percebida destes desafios.

Quadro 12: Perceção da redução da produção agrícola

Response	Number of Respondents	Percentage (%)	Interpretation
Agree	85	94.5	A significant majority of respondents observed a reduction in agricultural production.
Disagree	3	3.3	A small portion of respondents did not perceive any reduction in production.
Neutral	2	2.2	Few respondents were uncertain or lacked a clear opinion on the issue.
Total	90	100.0	This reflects the overall consensus of the respondents on this matter.

Source: Field data, August 2022

Os resultados do Quadro 12 mostram uma perceção dominante (94,5%) de que a produção agrícola diminuiu, o que pode evidenciar potenciais desafios como as alterações climáticas, a degradação dos solos ou outros factores socioeconómicos com impacto no sector. Os baixos níveis de discordância (3,3%) e neutralidade (2,2%) reforçam ainda mais a prevalência desta perceção. A explicação adicional está a ser discutida na secção do impacto do projeto de mitigação e adaptação às alterações climáticas no desenvolvimento socioeconómico da comunidade local.

4.3.1.6 Expansão da gama de mosquitos

Nos últimos anos, as populações de mosquitos sofreram alterações significativas na sua área geográfica, impulsionadas por factores ambientais globais como as alterações climáticas, a urbanização e a alteração dos padrões de utilização dos solos. Como vectores de doenças como a malária, a dengue e o Zika, os mosquitos representam um desafio crescente para a saúde pública. As temperaturas mais elevadas, a pluviosidade variável e as actividades humanas criaram novos habitats, facilitando a sua propagação para regiões anteriormente inadequadas. Por exemplo, no Ruanda, os mosquitos estavam antes limitados a áreas abaixo dos 1500 metros de altitude, mas estão agora a estender-se a locais como Gucimbi, que fica a 2300 metros. Esta subsecção examina as percepções da comunidade local sobre a atual distribuição dos mosquitos, destacando os impactos ecológicos e sociais da sua expansão e as medidas necessárias para mitigar os riscos emergentes para a saúde, como se mostra na Tabela 13 abaixo.

Tabela 13: destaque sobre se as áreas de mosquitos foram alargadas atualmente.

The area of mosquito has been extended nowadays	Number of respondents	Percentage (%)	Interpretation
Agree	68	75	Likely due to environmental changes and urbanization.
Neutral	13	14.5	Respondents unsure about the extension of mosquito areas.
Disagree	9	10.5	Possible lack of awareness or local climate conditions.

Source: Field data, August 2022

Os dados apresentados na Tabela 13 destacam que uma maioria significativa dos inquiridos (74,7%) concorda que as áreas onde os mosquitos são prevalecentes se expandiram nos últimos tempos, provavelmente influenciadas pelas chuvas fortes e prolongadas registadas nos últimos anos. Entretanto, 14,2% dos inquiridos do foram neutros e apenas 9,8% discordaram desta observação. Isto sugere que a expansão das áreas propensas a mosquitos se tornou uma preocupação premente para os habitantes do Distrito de Gicumbi, expondo-os a riscos acrescidos de malária, que é agora considerada endémica na região.

Estas conclusões sublinham a necessidade urgente de intervenções específicas para resolver este problema. Os esforços devem centrar-se na erradicação dos criadouros de mosquitos através da gestão ambiental e de medidas reforçadas de saúde pública. Simultaneamente, é crucial reforçar as estratégias existentes de prevenção e controlo da malária, como a distribuição de redes mosquiteiras tratadas, campanhas de sensibilização do público e acesso a tratamento médico eficaz, para atenuar o impacto desta ameaça crescente.

4.3.1.7 O número crescente de pessoas que sofrem de malária

A malária continua a ser um dos maiores desafios em termos de saúde pública a nível mundial, sobretudo nas regiões de clima tropical e subtropical. Apesar dos esforços para controlar e prevenir a doença, observações e dados recentes sugerem uma tendência preocupante em algumas áreas: um aumento do número de pessoas afectadas pela malária. Compreender as percepções da comunidade sobre esta questão é crucial para definir estratégias de intervenção eficazes. O quadro 13 abaixo apresenta os seus pontos de vista.

Quadro 14: Percepções dos inquiridos sobre o aumento da prevalência de casos de paludismo

Statement	Number of Respondents	Percentage (%)	Interpretation and Statistical Analysis
Agree	30	33.33	One-third of the respondents (33.33%) perceive an increase in malaria cases, indicating some awareness or personal experience with rising cases.
Disagree	60	66.66	The majority (66.66%) believe malaria cases have not increased, suggesting either limited perception or a difference in their lived experiences.
Neutral	0	0	No respondents were neutral, showing polarized opinions on the subject.

Source: Field data, August 2022

A Tabela 14 apresenta as perspectivas dos inquiridos sobre se o número de pessoas que sofrem de malária aumentou na sua área. Entre os 90 inquiridos, 33,34% concordaram que os casos de paludismo estão a aumentar, enquanto uma maioria de 66,66% discordou. Nenhum dos inquiridos permaneceu neutro, indicando opiniões fortes sobre o assunto.

Estes resultados destacam uma perceção dividida da prevalência da malária, sugerindo a necessidade de uma investigação mais aprofundada sobre as tendências reais dos casos e factores que contribuem para esta disparidade de opiniões. As explicações possíveis podem incluir variações no acesso aos cuidados de saúde, diferenças na sensibilização para a prevenção da malária ou factores localizados, como as alterações climáticas e a adequação do habitat para a reprodução de mosquitos.

4.3.2 Impacto dos projectos de mitigação e adaptação às alterações climáticas no desenvolvimento socioeconómico das comunidades locais

O Projeto Gicumbi Verde, que se centra na mitigação e adaptação às alterações climáticas, teve um impacto significativo no bem-estar da comunidade local no Distrito de Gicumbi, onde está a ser implementado. Esta secção analisa as várias dimensões do projeto, começando com uma visão geral das suas actividades de mitigação e adaptação às alterações climáticas, orientadas por quatro componentes principais: (i) Proteção das Bacias Hidrográficas e Agricultura Resiliente às Alterações Climáticas, (ii) Gestão Sustentável das Florestas e Energia Sustentável, (iii) Povoações Resilientes às Alterações Climáticas e (iv) Transferência de Conhecimentos e Integração.

Além disso, é explorado o impacto do projeto nas condições económicas e sociais da comunidade local. Isto inclui uma análise da forma como o projeto contribuiu para a resiliência económica e melhorou a dinâmica social e as condições de vida no distrito. Para avaliar estes efeitos, os membros da comunidade deram o seu feedback selecionando uma de três opções: Concordar, Discordar ou Neutro. As respostas e conclusões são depois analisadas no âmbito das componentes principais, salientando as contribuições tangíveis do Projeto Gicumbi Verde para mitigar as alterações climáticas e melhorar os meios de subsistência da população local.

4.3.2.1O papel do Projeto Gicumbi Verde na promoção da florestação e reflorestação

Esta subsecção examina os esforços do Projeto Gicumbi Verde para dotar os membros da comunidade dos conhecimentos e competências necessários para plantar árvores no âmbito de iniciativas de florestação e reflorestação. Ao centrar-se na formação prática e na educação ambiental, o projeto visa reforçar as capacidades locais para a gestão sustentável das terras e a resiliência climática. O Quadro 15 descreve as opiniões dos inquiridos sobre se o projeto dá formação ativa a indivíduos em práticas de plantação de árvores.

Quadro 15: Projeto Gicumbi Verde na formação de pessoas para plantar árvores

The project trains individuals in afforestation and reforestation activities	Number of Respondents	Percentage (%)
Agree	68	75.5
Neutral	13	14.5
Disagree	9	10

Source: Field data, August 2022

A Tabela 15 indica que 75,5% dos inquiridos concordam que o Projeto Gicumbi Verde está a formar pessoas para plantar árvores (florestação e reflorestação). Há uma confirmação esmagadora dos inquiridos de que o Projeto Gicumbi Verde está a formar pessoas para plantar árvores (florestação e reflorestação). Isto revela que, através da transferência de conhecimentos para os agricultores e sobre a plantação de árvores, a importância de renovar a floresta e plantar novas árvores contribui muito para aumentar a produtividade agrícola. Kajeje Protogene é um dos agricultores de Gicumbi que tem uma floresta que reabilitou com ênfase: *"Costumávamos colher árvores que ainda não estavam maduras e isso fez com que a floresta não crescesse no seu melhor. Agora, desde que este projeto reabilitou as florestas, elas estão em boa forma e ajudam-nos a combater a erosão que estava a levar as nossas terras por causa da erosão e das inundações causadas pelo facto de terem sido danificadas sem o corte de postes, o que também prejudica os campos de chá nos pântanos."* O responsável pela gestão florestal e energética do Green Gicumbi , Rurangwa Félix, declarou: *"Setenta por cento (70%) das florestas da comunidade na área foram destruídas. Anteriormente, apenas 50 metros cúbicos (m³) de madeira eram colhidos por hectare. No entanto, após a limpeza das florestas e a replantação com melhores espécies de árvores, esperamos que as colheitas futuras aumentem significativamente para 150 a 300 metros cúbicos (m') por hectare."*

4.3.2.2 Projeto Gicumbi Verde na Capacitação de Pessoas para o Uso do Biogás para Redução do Desmatamento Intensivo

O Projeto Gicumbi Verde tem sido fundamental na promoção de práticas sustentáveis para combater a desflorestação. Entre as suas principais iniciativas está a formação das comunidades locais para adoptarem a tecnologia do biogás como alternativa à tradicional lenha e ao carvão vegetal. Esta mudança visa enfrentar os desafios da desflorestação intensiva, que tem tido um impacto significativo no ambiente da região. Ao fornecer competências técnicas e recursos, o projeto permite que as comunidades façam a transição para fontes de energia mais limpas, reduzindo a pressão sobre as florestas naturais e melhorando simultaneamente a eficiência energética dos agregados familiares. Entrevistados sobre esta questão, os inquiridos apresentam os seus pontos de vista no Quadro 16.

Quadro 16: Projeto Gicumbi Verde: Formação de pessoas sobre a utilização do biogás para reduzir a desflorestação

Response	Number of Respondents	Percentage (%)
Agree	82	91.2
Neutral	4	4.4
Disagree	4	4.4

Source: Field Data, August 2022

A Tabela 16 demonstra que **a maioria dos inquiridos (91,1%) concorda** que o Projeto Gicumbi Verde está a formar ativamente as pessoas para utilizarem o biogás como uma fonte de energia alternativa para mitigar a desflorestação. Uma pequena fração dos inquiridos manteve-se neutra (4,4%) ou discordou (4,4%), indicando um elevado nível de apoio e sensibilização para os objectivos do projeto.

O acordo generalizado sublinha a eficácia das actividades de sensibilização do projeto sobre os benefícios da utilização do biogás. Um inquirido sublinhou o impacto do projeto, afirmando *"Já não mando os meus filhos ir buscar lenha. Agora têm mais tempo para estudar, o que melhorou o seu desempenho escolar."*

Esta evidência anedótica reflecte a contribuição do projeto não só para a conservação ambiental, mas também para a melhoria da dinâmica familiar e da educação das crianças.

Realizações mais amplas do Projeto Gicumbi Verde

Para além da formação em biogás, o projeto implementou várias iniciativas de silvicultura e energia sustentáveis que aumentam o seu impacto global:

(i) Reabilitação de florestas: **747 hectares** de florestas reabilitadas com espécies nativas para promover a restauração ecológica.

(ii) Biogás e soluções energéticas: Construção de **10 unidades domésticas de biogás** como projectos-piloto para reduzir a dependência da lenha. Distribuição de **12.000 fogões melhorados**, juntamente com formação para os membros da comunidade sobre a sua utilização.

Criação de um **hangar de secagem de madeira** na Fábrica de Chá Mulindi para reduzir o consumo de lenha.

(iv) Envolvimento da comunidade e reforço das capacidades: Formação de **137 membros da comunidade** na gestão de viveiros de árvores, promovendo esforços de reflorestação a longo prazo.

Distribuição de **300 colmeias modernas** a cooperativas para diversificar as fontes de rendimento.

(v) Produção de mudas: Criação de **mais de 2 milhões de mudas de alta qualidade** para garantir uma reflorestação atempada e eficaz.

Impacto global

As iniciativas do projeto contribuem significativamente para reduzir a desflorestação, promover a energia sustentável e melhorar os meios de subsistência da comunidade. Ao integrar a tecnologia do biogás com actividades de reflorestação e de reforço de capacidades, o Projeto Gicumbi Verde constitui um forte exemplo de desenvolvimento sustentável nas zonas rurais. O elevado nível de concordância entre os inquiridos confirma o reconhecimento pela comunidade dos seus benefícios, enquanto os resultados quantitativos e qualitativos realçam os contributos substanciais do projeto.

4.3.2.3 O papel do Projeto Gicumbi Verde na formação das comunidades para a recolha de água da chuva, irrigação e controlo da erosão

O Projeto Gicumbi Verde é uma iniciativa emblemática nos esforços do Ruanda para enfrentar as alterações climáticas e promover o desenvolvimento sustentável. Esta subsecção explora o papel fundamental do projeto no reforço da capacidade das comunidades locais para adoptarem soluções práticas e sustentáveis para a gestão dos recursos hídricos e a mitigação da degradação dos solos. Destaca a forma como os programas de formação do projeto capacitaram os residentes para implementarem sistemas de recolha de águas pluviais, melhorarem as práticas de irrigação e controlarem a erosão do solo, assegurando uma maior produtividade agrícola e resiliência aos choques climáticos. A Tabela 17 ilustra as percepções da comunidade sobre o impacto do projeto nestas áreas, com a maioria a reconhecer a contribuição do projeto para melhorar a gestão da água e os resultados agrícolas.

Quadro 17: Percepções da Comunidade sobre a Formação em Recolha de Água da Chuva e Controlo da Erosão do Projeto Green Gicumbi

Statement	Number of Respondents	Percentage (%)
Agree	84	93.3
Neutral	5	5.6
Disagree	1	1.1

Source: Field data, August 2022

Os dados da Tabela 17 demonstram que 93,3% dos inquiridos concordaram com o papel do Projeto Gicumbi Verde na formação das comunidades para a recolha de águas pluviais, irrigação e prevenção da erosão, enquanto 5,6% foram neutros e apenas 1,1% discordaram. Estas conclusões sublinham o reconhecimento generalizado dos contributos do projeto para enfrentar os desafios críticos da água e da agricultura. O projeto fornece orientações práticas sobre a recolha de água da chuva, a sua utilização para irrigação e a implementação de medidas para combater a erosão. Como parte das suas intervenções, o projeto também equipa comunidades, escolas e indústrias com tanques de água para recolha de água da chuva.

Além disso, foram observados benefícios tangíveis, como no sector de Mukarange, na célula de Rugerero, onde o projeto criou terraços em 130 hectares de terra. Além disso, foram observados benefícios tangíveis, nomeadamente no sector de Mukarange, na célula de Rugerero, onde o projeto criou terraços em 130 hectares de terra. Ishimwe, um agricultor de trigo da área, destacou: *"Notei um aumento significativo no rendimento das colheitas devido à redução da erosão e à melhoria da irrigação, bem como um aumento de quatro vezes nas colheitas de trigo, de 100 alqueires antes do projeto para 400 alqueires depois"*. Isto realça a eficácia do projeto na

soluções sustentáveis para a gestão da água e do solo, beneficiando tanto o ambiente como os meios de subsistência. Através destes esforços, o Projeto Gicumbi Verde exemplifica a integração de estratégias de adaptação climática com o desenvolvimento liderado pela comunidade.

4.3.2.4 O Gicumbi Verde e seu papel na formação de pessoas para a consolidação da terra

O emparcelamento foi identificado como uma estratégia crucial para melhorar a eficiência agrícola e o uso sustentável da terra, especialmente nas áreas rurais. O Green Gicumbi tem desempenhado um papel fundamental ao equipar os agricultores locais com os conhecimentos e as competências necessárias para uma consolidação de terras bem-sucedida. Ao oferecer programas de formação específicos, a iniciativa ajuda as comunidades a compreender e a adotar as melhores práticas para otimizar os recursos da terra, o que é essencial para aumentar a produtividade agrícola e garantir a segurança alimentar. As respostas capturadas na Tabela 17 abaixo reflectem as percepções dos inquiridos relativamente aos esforços do Green Gicumbi na formação de indivíduos sobre emparcelamento.

As respostas são dadas numa escala de Likert de 3 pontos (2 = Concordo, 1 = Neutro e 0 = Discordo)

Quadro 18: Percepções dos inquiridos sobre a formação na promoção do emparcelamento para o aumento da produção

GG Project is training people in promoting land consolidation for more production	Number of respondents	Percentage (%)	Numerical Value	Mean	SD
Agree	80	88.9	2	-	-
Neutral	4	4.4	1	-	-
Disagree	6	6.7	0	-	-
Total	**90**	**100**	-	**1.88**	**0.68**

Fonte: Dados de campo, agosto de 2022

Uma grande maioria dos inquiridos (88,9%) concorda que a formação está a promover o emparcelamento para aumentar a produção. Isto sugere que a maioria das pessoas acredita no valor do programa.

Uma pequena percentagem de inquiridos (4,4%) não tem uma opinião forte sobre o assunto. São indiferentes à afirmação, o que pode sugerir que não têm a certeza ou que sentem que a formação teve pouco impacto sobre eles.

Um grupo muito pequeno discorda (6,7%), indicando que, embora o programa tenha sido geralmente bem recebido, alguns indivíduos não o consideram eficaz para promover o emparcelamento.

Com uma média de 1,82, o sentimento geral é positivo, com uma maioria significativa a concordar que a formação promove o emparcelamento para uma maior produção.

O desvio-padrão de 0,68 mostra que, embora a maioria dos inquiridos concorde, há uma pequena percentagem que é neutra ou discorda, o que sugere que há margem para melhorias ou opiniões diferentes sobre a eficácia do programa.

A presença de respostas neutras e discordantes indica que, embora o programa seja visto, na sua maioria, de forma positiva, pode haver factores (como a qualidade percebida da formação, o acesso à formação ou a compreensão do seu impacto) que poderiam ser melhorados para reduzir estas opiniões indiferentes ou negativas.

Em conclusão, os resultados sugerem que o programa de formação em consolidação de terras do Green Gicumbi é largamente eficaz e tem um impacto positivo na maioria dos **inquiridos**. No entanto, há algum espaço para melhorias em termos de garantir que mesmo aqueles que são neutros ou discordam têm uma melhor compreensão ou experiência do programa.

4.3.2.4 Formação sobre o emparcelamento e o seu impacto na produtividade agrícola

Compreender as percepções dos participantes relativamente à formação fornecida na promoção do emparcelamento é crucial para avaliar a sua eficácia e impacto na produtividade agrícola. Esta subsecção apresenta uma análise da opinião dos inquiridos, medida através de uma escala de Likert de 3 pontos. As categorias da escala reflectem os níveis de concordância com a eficácia da formação: **2 para "Concordo", 1 para "Neutro" e 0 para "Discordo".** Estas respostas dão uma ideia do alinhamento geral dos participantes com os objectivos da formação e destacam áreas de consenso ou divergência.

Quadro 19: Percepções dos inquiridos sobre a formação em culturas resistentes à seca

Response	Number of Respondents	Percentage (%)	Numerical Value	Mean	SD
Agree	86	95.6	2		
Neutral	1	1.1	1		
Disagree	3	3.3	0		
Total	**90**	**100**		**1.93**	**0.37**

Source: Field data, August 2022

A pontuação média elevada **(1,93):** indica que a maioria dos inquiridos concorda que a formação é eficaz na promoção do cultivo de culturas resistentes à seca.

A baixa variabilidade do **desvio-padrão (0,37)** nas respostas sugere um forte consenso entre os inquiridos, com uma divergência mínima nas suas percepções.

Este quadro integra a análise numérica e a interpretação para permitir uma compreensão clara das opiniões dos inquiridos sobre a formação.

A Tabela 18 indica que 95,6% dos inquiridos concordam que o Projeto Gicumbi Verde está a formar pessoas para cultivar culturas que resistem à seca, enquanto 3,3% dos inquiridos discordaram. A maioria dos inquiridos mostra que o Projeto Gicumbi Verde está a formar as pessoas para cultivarem culturas que resistem à seca e isto é conduzido principalmente através da formação dos agricultores sobre a importância do terraceamento radical, o uso de solo rima na agricultura, o uso de pragas que protegem o ambiente.

4.3.2.6 Formação Gicumbi Verde sobre a utilização de resíduos como fertilizantes

O Green Gicumbi tem estado ativamente envolvido na formação de membros da comunidade sobre a utilização eficaz de resíduos como fertilizantes, com o objetivo de melhorar as práticas agrícolas sustentáveis. Esta iniciativa contribui para a gestão da fertilidade do solo e reduz os problemas ambientais relacionados com os resíduos. A Tabela 20 resume as percepções dos inquiridos sobre o programa de formação com base numa escala de 3 pontos.

Tabela 20: Percepções dos inquiridos sobre a formação relativa à utilização de resíduos como fertilizantes

Response	Number of Respondents	Percentage (%)	Numerical Value	Mean	SD
Agree	88	97.8	2		
Neutral	1	1.1	1		
Disagree	1	1.1	0		
Total	90	100		1.96	0.21

Source: Field Data, August 2022

Média (1,96): A pontuação média elevada reflecte uma perceção extremamente positiva da formação, com a maioria dos inquiridos a concordar que é benéfica.

Desvio-padrão (0,21): A variabilidade muito baixa indica um forte consenso entre os inquiridos, demonstrando uma aprovação quase universal da iniciativa de formação.

Esta secção destaca a eficácia do Projeto Gicumbi Verde na promoção de práticas de gestão de resíduos através da utilização de fertilizantes, tal como evidenciado pelos dados.

A Tabela 21 indica que 97,8% dos inquiridos Concordam, 1,1% Discordam e 1,1% dos inquiridos são Neutros quanto ao facto de o Projeto Gicumbi Verde estar a formar pessoas para utilizarem os resíduos como fertilizantes. A maioria dos inquiridos revela que o

Projeto Gicumbi Verde está a formar as pessoas para utilizarem os resíduos como fertilizantes. Embora o Projeto Gicumbi Verde se concentre no aumento da produção agrícola, mas a proteção do clima está sempre centrada e as razões pelas quais o foco na formação é melhorar a consciência sobre o uso de resíduos de fertilizantes que são naturais e não os fertilizantes orgânicos, que é o mesmo caso no uso de outros materiais agrícolas que são baseados na indústria e que são mais susceptíveis de afetar negativamente o clima.

4.3.3 Condições socioeconómicas

O Projeto Gicumbi Verde vai além dos seus objectivos primários de mitigação e adaptação às alterações climáticas. Também contribui significativamente para melhorar as condições socioeconómicas das comunidades locais onde as suas iniciativas são implementadas. Ao promover práticas agrícolas sustentáveis, proporcionar oportunidades de formação e apoiar actividades de melhoria dos meios de subsistência, o projeto desempenha um papel vital na melhoria do bem-estar económico dos membros da comunidade. Esta subsecção explora a forma como as intervenções do Projeto Gicumbi Verde têm impacto na paisagem socioeconómica das suas áreas-alvo.

4.3.3.1 O papel do Projeto Gicumbi Verde na criação de emprego através da plantação de árvores

O Projeto Gicumbi Verde apoia o desenvolvimento económico, criando oportunidades de emprego para a população local através de iniciativas de florestação e reflorestação. Estas actividades não só contribuem para a sustentabilidade ambiental, como também melhoram os meios de subsistência dos membros da comunidade, proporcionando empregos relacionados com a plantação de árvores. A Tabela 21 apresenta as percepções dos inquiridos sobre este aspeto do projeto.

Quadro 21: Percepções dos inquiridos sobre o papel do Projeto Gicumbi Verde na criação de emprego através da plantação de árvores

Response	Number of Respondents	Percentage (%)	Numerical Value	Mean	SD
Agree	88	97.8	2		
Neutral	1	1.1	1		
Disagree	1	1.1	0		
Total	**90**	**100**		**1.96**	**0.21**

Source: Field Data, August 2022

A pontuação média elevada de **1,96** indica que quase todos os inquiridos concordam fortemente que o Projeto Gicumbi Verde desempenha um papel vital na criação de oportunidades de emprego através da plantação de árvores.
A baixa variabilidade do **desvio-padrão (0,21)** das respostas reflecte um forte consenso entre os inquiridos, com uma divergência mínima de opiniões.

Estes dados sublinham os benefícios duplos dos esforços de florestação e reflorestação do Projeto Gicumbi Verde: recuperação ambiental e elevação socioeconómica através da criação de emprego.

A Tabela 21 indica que 97,8% dos inquiridos Concordam, enquanto 1,1% dos inquiridos Discordam que o Projeto Gicumbi Verde desempenha um papel importante na criação de emprego para a população de Gicumbi através da plantação de árvores (florestação e reflorestação). Isto revela que o Projeto Gicumbi Verde está a desempenhar um papel importante na criação de empregos para as pessoas através da plantação de árvores. Ishimwe, durante uma entrevista, destacou: *"desde o início do projeto, foram criados 22.000 empregos, sendo 48% dos postos de trabalho ocupados por homens e 52% por mulheres"*.

4.3.3.2 O papel do Projeto Gicumbi Verde no aumento do rendimento através da consolidação de terras

O Projeto Gicumbi Verde tem sido fundamental na promoção da consolidação de terras como estratégia para melhorar a produtividade agrícola e, subsequentemente, aumentar o rendimento das famílias. Ao consolidar parcelas de terra fragmentadas, os agricultores podem adotar práticas agrícolas mais eficientes, conduzindo a melhores rendimentos e a um maior rendimento. A Tabela 21 apresenta as percepções dos inquiridos sobre o impacto do projeto no rendimento através da consolidação de terras.

Quadro 22: Papel do Projeto Gicumbi Verde no aumento do rendimento através da consolidação de terras

Response Category	Number of Respondents	Percentage (%)	Numerical Value	Mean	S D
Agree	88	97.8	2		
Neutral	1	1.1	1		
Disagree	1	1.1	0		
Total	**90**	**100**		**1.96**	**0.21**

Source: Field Data, August 2022

A **média** muito elevada **de 1,96** indica uma forte concordância entre os inquiridos de que o Projeto Gicumbi Verde contribuiu significativamente para o aumento do rendimento através do emparcelamento.
A baixa variabilidade do **desvio-padrão de 0,21** evidencia um amplo consenso, com quase todos os inquiridos a concordarem com o impacto positivo do projeto.

Os resultados da Tabela 21 mostram que 97,8% dos inquiridos concordam, 1,1% discordam e 1,1% permanecem neutros em relação à afirmação de que o Projeto Gicumbi Verde aumentou o rendimento através do emparcelamento. Isto indica que o projeto contribuiu significativamente para aumentar os níveis de rendimento através do aumento da produtividade agrícola.

Uma comparação da produtividade agrícola antes e depois da implementação do Projeto Gicumbi Verde revela melhorias notáveis. Por exemplo, Ishimwe testemunhou: *as colheitas de feijão aumentaram de 950-1.100 kg para entre 2 e 4 toneladas. A produção de trigo aumentou de 1 tonelada para 3,5 toneladas, enquanto a produção de milho cresceu de 1 tonelada para aproximadamente 3 toneladas. Estes aumentos substanciais realçam o papel significativo do Projeto Gicumbi Verde na melhoria da produção agrícola e, consequentemente, dos rendimentos da população local.*

4.3.3.3 O papel do Projeto Green Gicumbi na produção agrícola através da irrigação

O Projeto Gicumbi Verde desempenhou um papel significativo no aumento da produção agrícola através da utilização de tanques de água e barragens para a irrigação das culturas. Estas intervenções permitiram aos agricultores mitigar a escassez de água, melhorar o rendimento das culturas e manter as actividades agrícolas mesmo durante as estações secas. A Tabela 23 resume a opinião dos inquiridos sobre o impacto destas instalações de irrigação na produtividade agrícola.

Tabela 23: Percepções dos inquiridos sobre o papel do Projeto Gicumbi Verde no aumento da produção agrícola através da irrigação

Response	Number of Respondents	Percentage (%)	Numerical Value	Mean	SD
Agree	85	95.5	2		
Neutral	1	1.1	1		
Disagree	4	4.4	0		
Total	90	100		1.91	0.38

Source: Field data, August

As conclusões do Quadro 23, baseadas nos valores da média e do desvio-padrão **(DP)**, mostram o seguinte

A média de 1,91 está ligeiramente abaixo de 2, que é a mais próxima da resposta "Concordo". Isto indica que a maioria dos inquiridos acredita que o Projeto Gicumbi Verde tem um impacto positivo na produção agrícola através da utilização de tanques de água e barragens para irrigação. A média mais próxima de "Concordo" sugere que a maioria dos inquiridos é a favor do papel do projeto na melhoria da produtividade agrícola.

O desvio padrão de 0,38 é relativamente baixo, indicando que as respostas estão bem agrupadas em torno da média. Isto sugere que existe um forte consenso entre os inquiridos relativamente ao impacto positivo do Projeto Green Gicumbi na produção agrícola através da irrigação . Poucos inquiridos se desviaram significativamente da opinião geral, que é predominantemente "Concordo".

Os inquiridos consideram, em geral, que o Projeto Gicumbi Verde é benéfico para o aumento da produção agrícola através da utilização de tanques de água e barragens, como refletido pelo valor médio de 1,91 (inclinado para "Concordo"). O baixo desvio padrão (0,38) indica que as respostas foram consistentes e que houve pouca variação nas opiniões.

Este facto foi influenciado pelas actividades levadas a cabo, tais como as Boas Práticas Agrícolas (BPA), a Gestão Integrada de Pragas, para citar apenas algumas, e todas elas estão associadas à adoção de uma abordagem natural na agricultura.

Um residente de um local onde está a ser implementado um projeto declarou: *"Sou considerado um modelo de agricultor cujos meios de subsistência mudaram significativamente devido às intervenções do projeto, em particular através da promoção de uma agricultura inteligente em termos climáticos"*.

Outro agricultor de 64 anos testemunhou: *"Após ter adotado técnicas melhoradas de estabilização dos solos e ter recebido formação sobre técnicas agrícolas modernas, tais como variedades de culturas melhoradas e aplicação de fertilizantes orgânicos, o seu rendimento por hectare mais do que duplicou"*.

Relativamente à colheita, o entrevistado salientou uma melhoria significativa, referindo que o rendimento atual atingiu 20 toneladas de batatas irlandesas por hectare, um feito notável e sem precedentes. Juntamente com a sua esposa, partilhou o seu testemunho: *"O aumento da colheita permitiu à nossa família renovar a nossa casa a um custo equivalente a 3.265 dólares. Além disso, conseguimos pagar as propinas escolares das nossas filhas gémeas e comprar outros artigos*

4.3.3.4 O papel do biogás no aumento do rendimento através da redução das despesas com lenha e combustível

O Projeto Gicumbi Verde promoveu a utilização do biogás como fonte de energia alternativa, o que reduziu significativamente as despesas das famílias com lenha e combustível. Ao adoptarem o biogás, os agregados familiares não só pouparam dinheiro como também aumentaram a estabilidade do seu rendimento e o seu bem-estar geral. A Tabela 24 apresenta as percepções dos inquiridos sobre a forma como a utilização do biogás contribui para a geração de rendimentos, minimizando as despesas com as fontes de energia tradicionais.

Quadro 24: Percepções dos inquiridos sobre a utilização do biogás para aumentar o rendimento, poupando o dinheiro atribuído à lenha e ao combustível

Response	Number of Respondents	Percentage (%)	Numerical Value	Mean	SD
Agree	85	95.5	2		
Neutral	1	1.1	1		
Disagree	4	4.4	0		
Total	90	100		1.91	0.41

Source: Field data, August 2022

Os resultados do Quadro 23 indicam uma forte concordância entre os inquiridos quanto à utilização do biogás como meio de aumentar o rendimento, poupando dinheiro anteriormente destinado à lenha e ao combustível. O valor médio de **1,91** sugere um elevado nível de concordância geral, uma vez que está próximo de 2, que representa "Concordo" na escala utilizada.

O desvio padrão de **0,41** reflecte uma baixa variabilidade nas respostas, indicando que a maioria dos inquiridos partilha percepções semelhantes sobre o impacto positivo da utilização do biogás. Esta consistência realça a eficácia do biogás na redução das despesas domésticas e no aumento da estabilidade do rendimento dos inquiridos.

Normalmente, ao comparar o valor gasto com o biogás e o valor gasto com lenha e combustível, há uma grande diferença. A diferença é que: a utilização do biogás minimiza a quantidade de dinheiro gasto em comparação com a utilização da lenha. *"Ishimwe, um homem de 51 anos, sublinhou: "Utilizo o biogás há dois anos. Antes de o adotar, costumava gastar 30.000 Frw em lenha. Agora, poupo cerca de 25.000 Frw, pois só preciso de gastar 5.000 Frw em biogás."*

4.3.3.5 O papel dos fogões energeticamente eficientes no aumento dos rendimentos

A adoção de fogões energeticamente eficientes, que consomem menos lenha, contribuiu para aumentar o rendimento das famílias, reduzindo as despesas com as fontes de combustível tradicionais. Estes fogões permitem à comunidade poupar dinheiro, que pode depois ser redireccionado para outras actividades geradoras de rendimento ou necessidades essenciais. A Tabela 25 apresenta as percepções dos inquiridos sobre como a utilização destes fogões teve um impacto positivo no seu rendimento.

Tabela 25: Percepções dos inquiridos sobre fogões que consomem menos lenha Aumento do rendimento através da poupança de dinheiro

Response	Number of Respondents	Percentage (%)	Numerical Value	Mean	SD
Agree	84	93.3	2		
Neutral	1	1.1	1		
Disagree	5	5.6	0		
Total	90	100		1.88	0.45

Source: Field data, August 2022

A pontuação média de **1,88** indica que a maioria dos inquiridos concorda fortemente ou concorda com a afirmação de que a utilização de fogões que consomem menos lenha aumenta o seu rendimento através da poupança de dinheiro. Este valor médio elevado, próximo de 2 (Concordo), reflecte uma perceção positiva dos benefícios económicos dos fogões entre a maioria dos inquiridos.

O desvio-padrão de **0,45** revela uma variabilidade relativamente baixa nas respostas. Isto sugere que as opiniões dos inquiridos são geralmente consistentes, com uma divergência mínima em relação à tendência geral. As poucas respostas neutras e discordantes não alteram significativamente a concordância dominante entre os participantes.

De um modo geral, estas conclusões sublinham que a utilização de fogões energeticamente eficientes contribuiu significativamente para aumentar o rendimento da comunidade, reduzindo as despesas com lenha. Ishimwe explicou: *ii Até à data, foram distribuídos 15.000 fogões de cozinha à comunidade, ajudando a proteger as florestas e a reduzir as emissões de CO2. Estes fogões reduzem o consumo de lenha em 60%".*

4.3.3.6 O papel do Projeto Gicumbi Verde na promoção das pequenas e médias empresas

O projeto Green Gicumbi tem apoiado ativamente o crescimento e o desenvolvimento de pequenas e médias empresas (PME) na comunidade. Ao promover o empreendedorismo e criar oportunidades para a geração de rendimentos, o projeto contribui para a capacitação económica local. A Tabela 26 apresenta um resumo das percepções dos inquiridos relativamente ao papel do projeto na promoção das PME.

Quadro 26: Percepções dos inquiridos sobre o papel do projeto na promoção das PME

Response	Number of Respondents	Percentage (%)	Numerical Value	Mean	SD
Agree	85	95.5	2		
Neutral	1	1.1	1		
Disagree	4	4.4	0		
Total	90	100		1.91	0.41

Source: Field data, August 2022

Esta pontuação média de 1,91 indica um forte nível de concordância entre os inquiridos relativamente ao papel do Projeto Gicumbi Verde na promoção das pequenas e médias empresas (PME). Esta média elevada, próxima de 2 (Concordo), demonstra que a maioria dos inquiridos considera que o projeto tem um impacto positivo na promoção das PME na comunidade.

O desvio-padrão de 0,41 reflecte a baixa variabilidade das respostas, sugerindo um elevado nível de coerência das opiniões. A maioria dos inquiridos concorda com a contribuição do projeto, tendo apenas uma pequena percentagem manifestado neutralidade ou discordância.

Estas conclusões sublinham o papel significativo do projeto no apoio ao crescimento das PME, que é vital para reforçar a resiliência económica e criar oportunidades geradoras de rendimentos na região.

A promoção de pequenas e médias empresas pelo Projeto Green Gicumbi é feita em duas vertentes: primeiro, como a implementação do projeto criou emprego nas áreas, contribuiu para a criação de pequenas e médias empresas na comunidade, como os vendedores, os agricultores, os restaurantes, para citar apenas alguns.

Em segundo lugar, o Projeto Gicumbi Verde reúne os agricultores em Grupos de Crédito e Poupança (Ikimina) para que trabalhem em conjunto na procura de mercado e aumentem o valor acrescentado das suas colheitas.

4.3.3.7 Rendimento mensal dos inquiridos antes e depois da implementação do Projeto Gicumbi Verde

A implementação do Projeto Gicumbi Verde (GGP) teve um impacto notável nos níveis de rendimento mensal da comunidade local. Ao apoiar práticas agrícolas sustentáveis, melhorar a gestão de recursos e promover actividades económicas, o projeto contribuiu para o aumento do rendimento de muitos agregados familiares. A Tabela 26 apresenta uma comparação do rendimento mensal da comunidade antes e depois da implementação do projeto.

Tabela 27: Rendimento mensal antes e depois da implementação do Projeto Gicumbi Verde

Income Range (RWF)	Before GGP	Percentage (%)	After GGP Implementation	Percentage (%)
5,000–44,000	65	72.2	26	28.9
44,000–83,000	21	23.3	46	51.2
83,000–122,000	3	3.3	11	12.2
122,000–161,000	1	1.1	7	7.7

Source: Field data, August 2022

A Tabela 27 revela que, antes da implementação do Projeto Gicumbi Verde (GGP), 72,2% dos inquiridos tinham um rendimento mensal entre 5.000 e 44.000 RwF. Adicionalmente, 23,3% ganhavam entre 44.000 e 83.000 RwF, 3,3% estavam na faixa de 83.000 a 122.000 RwF, e apenas 1,1% ganhavam entre 122.000 e 161.000 RwF. Esta distribuição resultou num rendimento médio de 28.000 RwF por inquirido antes do projeto.

Após a participação no Projeto Gicumbi Verde, que proporcionou oportunidades remuneratórias e contribuiu para a geração de rendimentos através das suas várias iniciativas, o rendimento médio dos beneficiários aumentou significativamente para 48.000 RwF. Isto representa um crescimento do rendimento de 1,72 vezes, demonstrando uma melhoria substancial nos meios de subsistência económica dos participantes no projeto.

Este aumento evidencia o impacto positivo do projeto no aumento do rendimento das famílias e sublinha o seu papel na melhoria do bem-estar económico geral dos beneficiários. O Projeto Gicumbi Verde contribuiu significativamente para o aumento dos níveis de rendimento da comunidade através de várias iniciativas com impacto. As oportunidades de emprego criadas pelo projeto, como a construção de terraços e a plantação de árvores, proporcionaram fontes de rendimento estáveis a muitos residentes. Além disso, a melhoria das práticas agrícolas levou a um aumento da produção, aumentando ainda mais os rendimentos das famílias.

Além disso, a melhoria geral do bem-estar da comunidade, impulsionada por uma melhor gestão dos recursos e pelas actividades do projeto, desempenhou um papel crucial na manutenção do crescimento dos rendimentos. É importante notar que o aumento da segurança resultante da redução da vulnerabilidade a catástrofes relacionadas com o clima estabilizou ainda mais as condições económicas, permitindo que as famílias prosperem num ambiente mais resistente e favorável.

Estes factores combinados sublinham o impacto positivo e transformador do projeto no bem-estar económico da comunidade.

4.3.3.5 O papel do Projeto Gicumbi Verde na melhoria dos assentamentos

O Projeto Gicumbi Verde deu passos significativos no sentido de melhorar as condições de habitação na comunidade. Ao promover práticas de habitação sustentáveis e ao estabelecer aldeias-modelo verdes, o projeto proporcionou espaços de vida mais seguros, mais organizados e amigos do ambiente. Os resultados do inquérito revelam que 100% dos inquiridos concordam que o Projeto Gicumbi Verde contribuiu positivamente para a melhoria das povoações. Este acordo unânime sublinha o papel fundamental do projeto na transformação das condições de vida e a sua aceitação e apreço pela comunidade. O

Projeto Gicumbi Verde revelou-se fundamental para melhorar as condições de vida das comunidades mais vulneráveis a catástrofes relacionadas com o clima. Ao transferir indivíduos de zonas de alto risco para aldeias modelo concebidas tendo em mente a sustentabilidade ambiental, o projeto melhorou significativamente a segurança e as condições de vida destas populações. Para este caso, Ishimwe relatou: *"Um exemplo notável é a Aldeia Modelo de Kabeza, no Setor de Rubaya, onde foram reinstaladas 40 famílias"* (ver Anexo 5).

Para além do fornecimento de habitações, o projeto implementou várias medidas de resistência às alterações climáticas para apoiar a criação de povoações sustentáveis. Estas medidas incluem a construção de 4 700 barragens de controlo em ravinas para controlar a erosão do solo e a recolha de 2 428 m³ de águas pluviais dos telhados das habitações e dos edifícios institucionais utilizando tanques de ferro-cimento. Além disso, estão a ser construídos 32 hectares de valas de infiltração para melhorar a absorção de água e foram instalados 135 tanques de recolha de águas pluviais com uma capacidade combinada de 543 m3. Para dar resposta às necessidades das populações vulneráveis, estão a ser construídas 40 unidades de habitação resistentes ao clima para realojamento a partir de zonas de alto risco. Além disso, foram construídas 26 cisternas e reservatórios subterrâneos com uma capacidade total de 1.885 m³ para aumentar o armazenamento de água. Estas intervenções abrangentes reflectem o compromisso do projeto de criar comunidades mais seguras, sustentáveis e resistentes ao clima.

4.3.3.6 As zonas de alto risco viviam antes da implementação dos projectos do Gicumbi Verde

Antes da implementação do projeto Green Gicumbi, certas áreas do distrito foram identificadas como zonas de alto risco devido à sua vulnerabilidade aos desafios induzidos pelo clima. Estas zonas, frequentemente caracterizadas por declives acentuados, ecossistemas frágeis e práticas agrícolas mal geridas, enfrentavam uma série de riscos ambientais e socioeconómicos, incluindo deslizamentos de terras, erosão dos solos e declínio da produtividade agrícola. A falta de uma gestão sustentável da terra e de infra-estruturas inadequadas agravou ainda mais as condições de vida das comunidades que residem nestas áreas. Esta secção explora a extensão destas zonas de alto risco, as suas causas subjacentes e os desafios enfrentados pelas comunidades antes da intervenção do projeto Gicumbi Verde.

A Tabela 27 fornece uma visão geral do estado de vida dos inquiridos em zonas de alto risco antes da implementação do Projeto Gicumbi Verde.

Antes da implementação do projeto Green Gicumbi, certas áreas do distrito foram identificadas como zonas de alto risco devido à sua vulnerabilidade aos desafios induzidos pelo clima. Estas zonas, frequentemente caracterizadas por declives acentuados, ecossistemas frágeis e práticas agrícolas mal geridas, enfrentavam uma série de riscos ambientais e socioeconómicos, incluindo deslizamentos de terras, erosão dos solos e declínio da produtividade agrícola. A falta de uma gestão sustentável da terra e de infra-estruturas inadequadas agravou ainda mais as condições de vida das comunidades que residem nestas áreas. Esta secção explora a extensão destas zonas de alto risco, as suas causas subjacentes e os desafios enfrentados pelas comunidades antes da intervenção do projeto Gicumbi Verde.

Tabela 28: Locais de residência anteriores dos inquiridos antes da implementação do projeto Green Gicumbi

Response	Number of Respondents	Percentage (%)	Numerical Value	Mean	SI
Yes	67	74.4	1		
No	23	25.5	0		
Total	**90**	**100**		0.74	0.44

Source: Field data, August 2022

A média de 0,74 indica que a maioria dos inquiridos vivia em zonas de alto risco antes da implementação do Projeto Gicumbi Verde. Com um valor mais próximo de 1 (Sim), mostra uma maior proporção de inquiridos que afirmam esta afirmação.

O desvio padrão de 0,44, que é relativamente baixo, sugere que as respostas não estão muito dispersas e são consistentes com a média. A maioria dos inquiridos partilha uma opinião semelhante, reforçando a observação de que uma parte significativa vivia em zonas de alto risco antes do projeto.

Estas conclusões sublinham a prevalência de condições de vida de alto risco antes da intervenção do Gicumbi Verde e sugerem uma clara necessidade de um projeto deste tipo para abordar as vulnerabilidades enfrentadas por estas comunidades.

4.3.3.10 Viver numa zona de alto risco

Viver em zonas de alto risco representava desafios substanciais para as comunidades locais, afectando significativamente a sua segurança, meios de subsistência e qualidade de vida em geral. Antes da implementação do Projeto Gicumbi Verde, muitos residentes nestas áreas vulneráveis enfrentavam graves consequências da degradação ambiental, tais como frequentes deslizamentos de terras, erosão dos solos e inundações. Estes desafios não só ameaçavam a sua segurança física, como também perturbavam a produtividade agrícola e limitavam o acesso a serviços essenciais. O Quadro 28 ilustra as perspectivas dos inquiridos sobre estas questões.

Tabela 29: Experiências e percepções dos inquiridos sobre viver em zonas de alto risco

Response	Number of Respondents	of Percentage (%)	Numerical Value	Mean	SD
Yes	39	43.3	1		
No	51	56.7	0		
Total	**90**	**100**		0.43	0.50

Source: Field data, August 2022

A Tabela 29 apresenta as experiências e percepções dos inquiridos sobre viver em zonas de alto risco. O valor médio de **0,43** indica que a maioria dos inquiridos relatou não viver em zonas de alto risco antes da implementação do Projeto Gicumbi Verde. Isto é apoiado pelos dados que mostram que **56,7%** dos inquiridos responderam "Não", em comparação com **43,3%** que responderam "Sim".

O desvio padrão (DP) de **0,50** sugere uma variabilidade moderada nas respostas, reflectindo algum nível de diversidade nas condições de vida dos inquiridos. Isto indica que, embora a maioria dos participantes não vivesse em zonas de alto risco, uma proporção significativa ainda experimentava os desafios associados ao facto de residir nessas zonas.

De um modo geral, os dados sublinham a importância crucial de abordar as zonas de risco elevado para melhorar a resiliência e a segurança da comunidade.

Apesar de o número de indivíduos que vivem nas zonas de alto risco ter sido reduzido, ainda há um grande número que vive na zona de alto risco, e é por isso que vamos construir outra aldeia de modol verde para onde serão realojados 60 agregados familiares", disse Kavura Aloys, o responsável pela mobilização comunitária do projeto Green Gicumbi.

No entanto, tal como referido por Ishimwe (2022b), o projeto de Gicumbi Verde, que consiste na construção de uma aldeia-modelo para a qual a comunidade que ainda vive na zona de alto risco será realojada, existe um outro projeto de construção de uma outra aldeia-modelo verde que ajudará 100 famílias a serem alojadas em casas resistentes ao clima nos sectores de Rubaya e Kaniga.

4.3.3.11 Deslocação de famílias de zonas de alto risco

As comunidades que vivem em zonas de alto risco enfrentam ameaças constantes à sua segurança e bem-estar, necessitando de esforços proactivos de relocalização. Em resposta, uma iniciativa de relocalização conseguiu proporcionar ambientes de vida mais seguros às famílias afectadas. Uma dessas realizações é a criação da Aldeia Verde de Kabeza, que está quase concluída e já alberga famílias realojadas, faltando apenas pequenos trabalhos de acabamento. Além disso, está em curso a construção da Aldeia Verde de Kaniga, com planos para alojar 60 famílias. Estes desenvolvimentos realçam o empenho do projeto em garantir a segurança e a sustentabilidade das populações vulneráveis. A sensibilização das comunidades locais é outra componente fundamental do projeto GGP. A Tabela 29 explora a eficácia da GGP na consecução deste objetivo de proteção do ambiente.

Tabela 30: Eficácia do Projeto Gicumbi Verde na sensibilização para a proteção do ambiente

Response	Number of Respondents	Percentage (%)	Numerical Value	Mean	SD
Agree	89	98.9	2		
Disagree	0	0.0	0		
Neutral	1	1.1	1		
Total	**90**	**100**		**0.98**	**0.12**

Source: Field data, August 2022

O valor médio de 0,98 indica que a maioria dos inquiridos concorda fortemente que o Projeto Gicumbi Verde aumenta efetivamente a sensibilização para a proteção do ambiente. Esta média elevada reflecte percepções positivas esmagadoras entre o grupo inquirido. O desvio padrão (DP) de 0,12 mostra que as respostas estão muito concentradas em torno da média, o que significa uma variabilidade mínima nas opiniões. Isto sugere um forte consenso entre os inquiridos sobre a eficácia do projeto. Em geral, a combinação de uma média elevada e um desvio padrão baixo sublinha o sucesso do Projeto Gicumbi Verde no cumprimento dos seus objectivos de sensibilização.

Isto revela, sem dúvida, que o Projeto Gicumbi Verde contribui significativamente para aumentar a consciência ambiental. Relativamente à transferência de conhecimentos e

A integração do Projeto Gicumbi Verde para responder a estas questões prioritárias nacionais, o reforço das capacidades, a gestão e transferência de conhecimentos e a integração foram concebidos e estão a ser executados para apoiar a execução integrada das outras três componentes. Ishimwe destaca: *"Cerca de 1500 autoridades locais e representantes da comunidade receberam formação sobre os objectivos e metas do projeto, as causas das alterações climáticas, os efeitos e as medidas de mitigação. 24 sessões de sensibilização foram realizadas. Depois de construir os terraços, o Green Gicumbi deu formação sobre a forma como a agricultura deve ser feita, preservando o ambiente e procurando soluções sustentáveis para lidar com os efeitos das alterações climáticas. Não pararam por aí, porque assim que o Green Gicumbi construiu os terraços, deu-lhes formação e até selecionou uma área de um hectare para lhes mostrar como cultivar"*.

4.3.3.12 Reforçar o envolvimento de jovens e mulheres em actividades ambientais através do projeto Green Gicumbi

Os jovens e as mulheres desempenham um papel fundamental na promoção de práticas ambientais sustentáveis, tornando o seu envolvimento essencial para alcançar objectivos ecológicos a longo prazo. O Projeto Gicumbi Verde deu prioridade a iniciativas destinadas a melhorar o envolvimento destes grupos-chave em actividades ambientais. A Tabela 30 ilustra o impacto do projeto na promoção da participação dos jovens e das mulheres, destacando o seu papel na capacitação destes grupos e na promoção da gestão ambiental.

Tabela 31: Percepções do Papel do Projeto Gicumbi Verde no Envolvimento Ambiental de Jovens e Mulheres

Response	Number of Respondents	Percentage (%)	Numerical Value	Mean	SD
Agree	83	92.2	2		
Disagree	6	6.7	0		
Neutral	1	1.1	1		
Total	90	**100**		**0.92**	**0.27**

Source: Field data, August 2022

O **valor médio de 0,92** reflecte uma forte concordância entre os inquiridos de que o Projeto Gicumbi Verde melhora significativamente o envolvimento dos jovens e das mulheres em actividades ambientais. Esta média elevada demonstra que a maioria dos

os participantes consideram que o projeto tem impacto na capacitação destes grupos.

O **desvio-padrão (DP) de 0,27** sugere uma baixa variabilidade nas respostas. Embora a maioria dos inquiridos concorde com o papel positivo do projeto, há, no entanto, alguma divergência de opinião, tal como indicado pela pequena proporção de inquiridos que discordaram (6,7%) ou se mantiveram neutros (1,1%).

Em suma, os dados destacam o sucesso do Projeto Gicumbi Verde na promoção de uma participação ambiental inclusiva, particularmente para os jovens e as mulheres, ao mesmo tempo que apontam para a necessidade de esforços direcionados para responder às preocupações de uma minoria de inquiridos. No que diz respeito ao envolvimento dos jovens, estes estiveram envolvidos nas actividades de voluntariado sobretudo na mobilização, enquanto as mulheres estiveram envolvidas sobretudo na plantação de árvores e na terraplanagem radical.

4.3.4 Desafios enfrentados pelo Projeto GG de Mitigação e Adaptação às Alterações Climáticas

Apesar das suas contribuições significativas para a resolução de questões ambientais, os projectos de mitigação e adaptação às alterações climáticas deparam-se frequentemente com desafios que impedem a concretização dos seus objectivos. O Projeto Gicumbi Verde (GGP) não é exceção, uma vez que vários obstáculos afectam a sua implementação e eficácia. A Tabela 31 destaca os principais desafios identificados pelos inquiridos, que foram autorizados a selecionar várias opções quando aplicável. Estas conclusões fornecem informações valiosas sobre as áreas que requerem atenção para melhorar os resultados e a sustentabilidade do projeto.

Tabela 32: Principais Desafios que Afectam o Projeto Gicumbi Verde na Mitigação e Adaptação às Alterações Climáticas

Challenge	Frequency	Percentage (%)
Low level of awareness	60	65.0
Low level of community participation	15	16.4
Poor sense of community ownership of projects	50	54.9
Lack of sustainability of conducted activities	0	0.0
Community mindsets	80	87.9
Other	50	54.9

Source: Field data, August 2022

As conclusões da Tabela 31 destacam os principais desafios que impedem a eficácia do Projeto Gicumbi Verde na mitigação e adaptação às alterações climáticas:

(i) Mentalidade comunitária (87,9%)
O desafio mais significativo é a mentalidade prevalecente na comunidade, que pode incluir resistência à mudança, ceticismo em relação aos objectivos do projeto ou relutância em adotar práticas sustentáveis. Isto sublinha a necessidade de estratégias de mudança de

comportamento direcionadas e de esforços mais robustos de envolvimento da comunidade.

(ii) Baixo nível de sensibilização (65%)

A falta de sensibilização dos membros da comunidade é outro grande obstáculo. Isto sugere a necessidade de reforçar as iniciativas de sensibilização e educação para informar melhor o público sobre as questões relacionadas com as alterações climáticas e os benefícios da participação em actividades de atenuação e adaptação.

(iii) Fraco sentimento de pertença à comunidade (54,9%)

Mais de metade dos inquiridos destacou o fraco sentido de apropriação dos projectos como um desafio. Esta questão pode resultar num menor empenho da comunidade no êxito do projeto e na sua sustentabilidade a longo prazo. O reforço do envolvimento da comunidade durante as fases de planeamento e execução pode ajudar a resolver esta preocupação.

(iv) Baixo nível de participação comunitária (16,4%)

Embora menos pronunciada, a participação relativamente baixa da comunidade aponta para a necessidade de estratégias mais inclusivas para envolver diversos grupos, particularmente populações marginalizadas, nas actividades do projeto.

(v) Falta de Sustentabilidade das Actividades Realizadas (0%)

É interessante notar que nenhum dos inquiridos citou a falta de sustentabilidade das actividades realizadas como um desafio. Isto sugere que as actividades implementadas até agora podem ter sido bem planeadas em termos de continuidade, um resultado positivo que vale a pena aproveitar.

(vi) Outros desafios (54,9%)

Uma proporção significativa dos inquiridos identificou desafios adicionais que não foram explicitamente enumerados, incluindo a falta de títulos de propriedade para as casas fornecidas, restrições à ampliação das propriedades (por exemplo, acrescentar uma divisão para uma família em crescimento ou acomodar animais domésticos) e preocupações com a privacidade. Por exemplo, as cozinhas situadas demasiado perto das cozinhas dos vizinhos podem fazer com que os residentes se sintam inseguros quando outros podem facilmente observar as suas refeições. Outra questão fundamental foi a deslocação de pessoas sem consulta prévia ou preparação adequada.

Estas constatações sublinham a importância de identificar e abordar os potenciais obstáculos para garantir uma abordagem abrangente que permita ultrapassar os desafios e aumentar a eficácia dos projectos de atenuação e adaptação às alterações climáticas. A questão da deslocação de pessoas sem consulta prévia ou preparação adequada realça a necessidade crítica de envolver as comunidades locais no planeamento dos projectos. A Transparency International Rwanda (2021) sublinha que os valores e comportamentos dos beneficiários podem, por vezes, prejudicar a execução do projeto se não forem cuidadosamente considerados.

Os membros do pessoal da Unidade de Implementação do Projeto (UIP) e dos sectores locais assinalaram casos de resistência a determinadas actividades do projeto, em especial os socalcos e a gestão florestal. Os inquiridos do governo local e da UIP confirmaram ainda que, no início do projeto, se espalharam rumores entre alguns cidadãos, alegando que a terra utilizada para os socalcos seria tomada pelo governo em vez de beneficiar a comunidade. Este facto sublinha a necessidade de uma comunicação transparente e de um envolvimento precoce com os beneficiários para criar confiança e evitar a desinformação que poderia prejudicar o êxito do projeto.

As autoridades locais declararam que resolveram a questão da consulta insuficiente através de mais explicações aos beneficiários. No entanto, depois de receber feedback sobre esta questão, a equipa de investigação questionou ainda mais os beneficiários, que expressaram um apreço geral pelas actividades do projeto, em particular os terraços radicais. No entanto, manifestaram insatisfação com o processo de implementação, nomeadamente o arranque das suas culturas e o corte das suas florestas sem diálogo prévio. Esta falta de comunicação levou a preocupações sobre a forma como a abordagem de implementação afectou negativamente os seus meios de subsistência.

Esta situação alinha-se com o desafio permanente de sensibilizar a comunidade para as actividades do projeto e de assegurar que os beneficiários compreendem como proteger estas iniciativas para uma sustentabilidade a longo prazo. Embora tenham sido feitos progressos, a falta de sensibilização continua a ser um desafio fundamental para os beneficiários do Projeto Gicumbi Verde. De acordo com a Transparency International Rwanda (2021), muitos inquiridos de zonas onde foram construídos socalcos e cortadas árvores para replantação afirmaram não ter sido consultados em tempo útil. Estas conclusões, combinadas com os desafios da baixa sensibilização e da participação limitada , sugerem que os responsáveis pela implementação do projeto devem reajustar a sua abordagem para envolver mais eficazmente os beneficiários no processo de implementação.

A literatura apoia esta necessidade de aumentar a participação dos beneficiários, salientando que a falta de envolvimento durante a fase de implementação pode resultar num desalinhamento entre os resultados do projeto e as necessidades dos beneficiários. Tal como referido por Evode et al. (2017) citado por TI-Rwanda (2021), uma participação insuficiente pode prejudicar o êxito e a sustentabilidade das atividades do projeto. Por conseguinte, melhorar o envolvimento da comunidade em todas as fases do projeto é crucial para garantir a sua eficácia e sustentabilidade.

Um dos inquiridos envolvidos nos esforços de reflorestação para aumentar a produtividade florestal partilhou: "Desde o início, hesitaram em aceitar a oferta do projeto porque pensavam que não havia nada de graça." No entanto, alguns indivíduos ainda mantêm esta mentalidade, o que continua a dificultar e a atrasar o progresso do projeto na realização dos seus objectivos.

Em geral, a análise dos desafios destaca áreas críticas para melhoria, incluindo a conscientização, a participação e a apropriação da comunidade. Abordar estas questões através de intervenções adaptadas e estratégias centradas na comunidade é essencial para que o Projeto

Gicumbi Verde atinja efetivamente os seus objectivos de mitigação e adaptação às alterações climáticas.

4.3.5 Estratégias para enfrentar os desafios dos projectos de atenuação e adaptação às alterações climáticas

Com base nos desafios identificados no Quadro 32, várias estratégias adaptadas podem aumentar a eficácia do Projeto Gicumbi Verde. Estas estratégias abordam desafios específicos, com o objetivo de melhorar os resultados e a sustentabilidade do projeto.

(i) Abordagem das mentalidades comunitárias (87,9%)

Para ultrapassar a resistência enraizada nas mentalidades da comunidade, podem ser implementadas campanhas específicas de mudança de comportamento. Estas campanhas devem envolver os líderes locais, os influenciadores e os meios de comunicação social para promover atitudes positivas em relação às actividades de adaptação e atenuação das alterações climáticas. Além disso, os diálogos com a comunidade podem servir como fóruns interactivos para abordar ideias erradas e criar confiança junto dos membros da comunidade. Para reduzir ainda mais a resistência, as actividades do projeto devem incorporar a integração cultural, alinhando-se com as tradições e valores locais.

(ii) Aumentar os níveis de consciencialização (65%)

A falta de sensibilização pode ser resolvida através de programas educativos que incluam workshops e sessões de formação para educar a comunidade sobre os impactes das alterações climáticas e os benefícios da sua participação. As plataformas dos meios de comunicação locais, como a rádio e as redes sociais, podem divulgar eficazmente as mensagens nas línguas locais, garantindo um alcance mais alargado. Para uma abordagem mais inclusiva, as campanhas de sensibilização direcionadas podem centrar-se em grupos vulneráveis, como as mulheres e os jovens, que desempenham papéis fundamentais na sustentabilidade ambiental.

(iii) Promover a apropriação comunitária (54,9%)

Para promover um sentimento de apropriação, as abordagens participativas devem envolver os membros da comunidade nas fases de planeamento, tomada de decisões e implementação. As iniciativas de reforço de capacidades podem formar líderes locais e voluntários, equipando-os para assumirem responsabilidades no âmbito do projeto. Além disso, a criação de mecanismos de feedback permite que os membros da comunidade expressem as suas preocupações e ideias, assegurando que o seu contributo é valorizado e integrado.

(iv) Aumentar a participação da comunidade (16,4%)

Os esforços para aumentar a participação devem dar prioridade ao envolvimento inclusivo, concentrando-se nos grupos marginalizados, como as mulheres, os jovens e as pessoas com deficiência, para garantir um envolvimento equitativo. Incentivar a participação através de pequenas recompensas, como o reconhecimento ou benefícios de subsistência, pode encorajar o envolvimento ativo. Além disso, a parceria com organizações de base comunitária **(OBC)** pode mobilizar a participação a nível das bases.

(v) Resolver outros desafios (54,9%)

Para fazer face a desafios adicionais, uma avaliação exaustiva das necessidades pode ajudar a identificar questões específicas ainda não abordadas. O projeto deve incorporar flexibilidade na sua conceção, permitindo-lhe adaptar-se a circunstâncias imprevistas. Por último, a colaboração intersectorial com agências governamentais, ONG e parceiros do sector privado pode fornecer os recursos e os conhecimentos necessários para ultrapassar barreiras multifacetadas.

Essas estratégias visam abordar os diversos desafios enfrentados pelo Projeto Gicumbi Verde, garantindo seu sucesso na mitigação e adaptação aos impactos das mudanças climáticas.

Em última análise, a implementação dessas estratégias exigirá uma abordagem multifacetada e inclusiva que combine educação, participação e alinhamento cultural. Ao abordar estas barreiras, o

Projeto Gicumbi Verde pode reforçar a sua eficácia na mitigação dos impactos das alterações climáticas e na criação de resiliência na comunidade.

Capítulo 5: Resumo dos resultados, conclusões e recomendações

5 Introdução

Este capítulo apresenta um resumo dos resultados do estudo em relação aos seus objectivos, bem como as conclusões e recomendações deles decorrentes.

5.2 Resumo das conclusões

Os resultados deste estudo são resumidos de acordo com os objectivos específicos estabelecidos no início da investigação:

5.2.1 As percepções da comunidade local sobre as alterações climáticas no distrito de Gicumbi

O estudo identificou evidências claras e significativas de alterações climáticas no Distrito de Gicumbi. A maioria dos inquiridos (96,7%) indicou que as temperaturas aumentaram nos últimos 30 anos. Além disso, 92,3% dos inquiridos observaram que os padrões de precipitação se tornaram mais intensos e destrutivos, enquanto 93,4% concordaram que os padrões sazonais foram perturbados, causando confusão aos agricultores que se esforçam por distinguir entre as estações das chuvas e da seca. Estas conclusões confirmam os impactos negativos profundos e observáveis das alterações climáticas na comunidade de Gicumbi, incluindo a redução dos rendimentos agrícolas e o aumento da vulnerabilidade aos desafios relacionados com o clima.

5.2.2 Efeito do Projeto Gicumbi Verde na melhoria do desenvolvimento socioeconómico da comunidade local e no clima sustentável

O estudo revelou que os projectos de mitigação e adaptação às alterações climáticas, especialmente o Projeto Gicumbi Verde, tiveram efeitos transformadores no desenvolvimento socioeconómico da comunidade local. O projeto capacitou os membros da comunidade através de extensos programas de formação em florestação, consolidação de terras e recolha de águas pluviais. Também promoveu práticas energéticas sustentáveis, como a utilização de biogás e fogões de cozinha energeticamente eficientes, que reduziram a desflorestação e aumentaram as poupanças das famílias. A introdução de tanques de água e barragens para irrigação aumentou a produtividade agrícola e a utilização de biogás ajudou as famílias a poupar dinheiro, contribuindo para um aumento de 1,72 vezes no rendimento médio. Além disso, o projeto aumentou a sensibilização para a proteção ambiental e incentivou os jovens e as mulheres a participarem ativamente em iniciativas de sustentabilidade.

Os resultados apresentados nos quadros seguintes, a título de exemplo, são convincentes:

A média muito elevada de **1,96** na Tabela 21 reflecte uma forte concordância entre os inquiridos de que o Projeto Gicumbi Verde contribuiu significativamente para o crescimento do rendimento através da consolidação de terras. O baixo desvio padrão de **0,21** indica uma variabilidade mínima, sugerindo um amplo consenso entre os inquiridos relativamente ao impacto positivo do projeto.

Da mesma forma, a Tabela 22 revela que os inquiridos consideram o Projeto Gicumbi Verde benéfico para o aumento da produção agrícola, particularmente através da utilização de tanques de água e barragens. Isto é evidenciado por uma pontuação média de **1,91**, que se inclina para "Concordo", e um baixo desvio padrão de **0,38**, reflectindo opiniões consistentes com pouca variação.

A Tabela 23 destaca ainda um forte acordo sobre o papel do biogás no aumento do rendimento, reduzindo as despesas das famílias com lenha e combustível. O valor médio de **1,91**, próximo do limiar "Concordo", sublinha a aprovação generalizada, enquanto o baixo desvio padrão de **0,41** aponta para respostas consistentes. Estes resultados sugerem que a utilização do biogás reduziu efetivamente as despesas domésticas e melhorou a estabilidade do rendimento dos beneficiários.

Relativamente à promoção de pequenas e médias empresas (PMEs) mencionada no conto 26, a pontuação média de **1,91** indica uma forte concordância de que o Projeto Gicumbi Verde teve um impacto positivo no desenvolvimento das PMEs. O baixo desvio padrão de **0,41** demonstra consistência nas respostas, com a maioria dos participantes a reconhecer o papel do projeto na promoção das PMEs. Esta contribuição é crucial para reforçar a resiliência económica e criar oportunidades de geração de rendimentos na comunidade.

Por último, os resultados da Tabela 26 revelam um aumento significativo do rendimento médio dos beneficiários, atingindo **48.000 RwF**, uma melhoria de **1,72 vezes**. Este crescimento é atribuído às oportunidades remuneratórias e às iniciativas geradoras de rendimentos proporcionadas pelo Projeto Gicumbi Verde. O aumento substancial do rendimento sublinha o impacto positivo do projeto no reforço dos meios de subsistência económica e na melhoria do bem-estar geral dos participantes.

Os resultados da Tabela 29 **indicam que** o valor médio de 0,98 **calculado** indica que a maioria dos inquiridos concorda fortemente que o Projeto Gicumbi Verde aumenta efetivamente a sensibilização para a proteção ambiental. Esta média elevada reflecte percepções positivas esmagadoras entre o grupo inquirido, **enquanto** o desvio padrão (DP) de 0,12 mostra que as respostas estão altamente concentradas em torno da média, o que significa uma variabilidade mínima nas opiniões. Isto sugere um forte consenso entre os inquiridos sobre a eficácia do projeto.

De um modo geral, a combinação de uma média elevada e de um desvio padrão baixo sublinha o sucesso do Projeto Gicumbi Verde no cumprimento dos seus objectivos de sensibilização.

Os resultados da Tabela 29 indicam um valor médio de **0,98**, demonstrando que a maioria dos inquiridos concorda fortemente que o Projeto Gicumbi Verde sensibiliza eficazmente para a proteção ambiental. Esta média elevada reflecte percepções esmagadoramente positivas entre o grupo inquirido. O baixo desvio padrão de **0,12** significa uma variabilidade mínima, indicando que as respostas estão altamente concentradas em torno da média e sugerindo um forte consenso entre os inquiridos.

De um modo geral, a combinação de uma média elevada e de um desvio-padrão baixo sublinha o êxito do projeto na consecução do seu objetivo de sensibilização ambiental.

5.2.3 Os desafios enfrentados pela GGP nas actividades de mitigação e adaptação às alterações climáticas

O estudo identificou vários desafios que impedem a eficácia dos esforços de mitigação e adaptação às alterações climáticas. O obstáculo mais significativo foi a mentalidade da comunidade, citada por 87,9% dos inquiridos, que reflecte a resistência ou a aceitação limitada das actividades do projeto. Os baixos níveis de sensibilização (65%) e o fraco sentido de apropriação pela comunidade (54,9%) foram também destacados como desafios críticos. Embora nenhum inquirido tenha mencionado a falta de sustentabilidade das actividades do projeto como um problema, isto pode indicar a necessidade de uma maior sensibilização para os aspectos da sustentabilidade. Outros desafios notáveis incluíram a participação limitada da comunidade (16,4%) e vários obstáculos não especificados (54,9%).

Estas conclusões sublinham os progressos alcançados através do Projeto Gicumbi Verde, ao mesmo tempo que realçam a necessidade de abordar os desafios persistentes para maximizar o impacto a longo prazo das iniciativas de mitigação e adaptação às alterações climáticas.

5.3 Conclusão

Este estudo, intitulado *The Effect of Climate Change Mitigation and Adaptation Projects on the Socio-Economic Development of the Local Community in Rwanda: A Case Study of Green Gicumbi Projects (2019 2022), teve como* objetivo analisar o impacto destes projectos na comunidade local e identificar os desafios associados.

Os resultados revelaram impactos significativos das alterações climáticas no distrito de Gicumbi nos últimos 30 anos. Estes incluíram o aumento das temperaturas, chuvas mais fortes e devastadoras, estações chuvosas mais curtas e padrões sazonais perturbados, que causaram confusão entre os agricultores. Outros efeitos observados incluíram um declínio nos rendimentos agrícolas, uma expansão dos habitats dos mosquitos e um aumento dos casos de malária.

O Projeto Gicumbi Verde teve um impacto transformador na mitigação das alterações climáticas e na melhoria do bem-estar socioeconómico da comunidade local. Em termos de formação e capacitação, o projeto dotou os membros da comunidade de conhecimentos e competências em matéria de florestação, utilização de biogás, recolha de águas pluviais, consolidação de terras e cultivo de culturas resistentes à seca. Também promoveu a utilização de resíduos como fertilizantes.

Do ponto de vista económico, o projeto criou postos de trabalho, melhorou os rendimentos através do emparcelamento e aumentou a produtividade agrícola ao fornecer tanques de água e barragens para irrigação. A adoção de biogás e de fogões energeticamente eficientes aumentou ainda mais as poupanças das famílias, reduzindo a dependência da lenha e do combustível. Além disso, o projeto aumentou a sensibilização para a proteção do ambiente e incentivou ativamente os jovens e as mulheres a participarem em actividades ambientais. O projeto apoiou as pequenas e médias empresas e contribuiu para melhorar os padrões de povoamento.

Apesar destas realizações, o estudo identificou vários desafios que impedem o pleno potencial do projeto. Estes incluem baixos níveis de sensibilização da comunidade, um fraco sentido de apropriação do projeto e resistência devido às mentalidades da comunidade.

Em geral, as conclusões destacam os impactos positivos significativos do Projeto Gicumbi Verde, ao mesmo tempo que sublinham a necessidade de enfrentar os desafios persistentes.

As recomendações para ultrapassar estes obstáculos são discutidas na secção seguinte.

5.4 Recomendações

Este estudo apresenta várias recomendações para enfrentar os desafios identificados e aumentar a eficácia e a sustentabilidade dos esforços de mitigação e adaptação às alterações climáticas no Distrito de Gicumbi.

Em primeiro lugar, os esforços de mobilização da comunidade devem ser reforçados para garantir que os residentes locais compreendam plenamente e participem ativamente nas actividades do projeto. Uma mobilização eficaz fomentará um sentido de inclusão e propriedade, ajudando a dissipar qualquer perceção de que o governo está a tentar controlar as suas propriedades. Esta recomendação é dirigida aos gestores do Projeto Gicumbi Verde, às autoridades governamentais locais e aos líderes comunitários.

Em segundo lugar, tendo em conta o êxito do Projeto Gicumbi Verde, é essencial alargar as suas actividades a outras áreas igualmente vulneráveis às alterações climáticas. Esta expansão requer a mobilização de financiamento adicional de agências governamentais, doadores internacionais e partes interessadas do sector privado. Estes esforços devem envolver a gestão do Projeto Gicumbi Verde, o Ministério do Ambiente e os parceiros internacionais de financiamento.

Por último, os programas de formação e de transferência de conhecimentos devem ser melhorados e alargados de modo a incluir mais membros da comunidade local. Ao equipá-los com as competências e conhecimentos necessários para manter as actividades implementadas, o projeto pode garantir a sustentabilidade a longo prazo e a apropriação das suas iniciativas. Esta recomendação destina-se principalmente aos coordenadores do Projeto Gicumbi Verde, às ONG locais e às organizações de base comunitária.

5.5 Áreas para estudos futuros

A investigação futura deve explorar duas áreas críticas para desenvolver as conclusões deste estudo.

A primeira área envolve a formação das comunidades relocalizadas para melhorar as suas capacidades de liderança. Uma liderança forte é essencial para a gestão efectiva e a sustentabilidade dos novos ambientes. A investigação neste domínio pode oferecer informações sobre a forma como o desenvolvimento da liderança pode apoiar a adaptação e a resiliência das comunidades.

A segunda área envolve a análise da forma como as comunidades locais podem sustentar as actividades implementadas pelo Green Gicumbi Project após a conclusão do projeto. Esta investigação ajudaria a identificar os factores necessários para a sustentabilidade a longo prazo e forneceria lições valiosas para alargar iniciativas semelhantes a outras regiões.

Estas recomendações e áreas de investigação propostas visam reforçar os esforços de adaptação às alterações climáticas, capacitar as comunidades e garantir o impacto duradouro das actividades implementadas.

Bibliografia

Adger, W. N., Berkes, F., Colding, J. e Folke, C. (2003). Navigating Nature's Dynamics: Building Resilience for Complexity and Change. Cambridge University Press. Nova Iorque, EUA

Bosello, F., Roson, R. (2007). Estimativas económicas das implicações das alterações climáticas: subida do nível do mar. *Economia do Ambiente e dos Recursos, Vol. 37, N,* 549-571

Bosello, F., Delpiazzo, E., & Eboli, F. (2015). *Avaliação do impacto macroeconómico das futuras alterações nos serviços dos ecossistemas marinhos europeus.* Nota di Lavoro No. 22.2015. Milano: Fondazione Eni Enrico Mattei (FEEM)

Bourdieu, P. (1989). *The Forms of Capital.* Greenwood Press (em *Handbook of Theory and Research for the Sociology of Education).* Nova Iorque, NY, EUA

Bryman, A. (2021). *Social Research Methods* (6th Edition). Oxford University Press. Oxford, Reino Unido

Bullard, R. (2012). The Wrong Complexion for Protection: How the Government Response to Disaster Endangers African American Communities [Como a Resposta do Governo às Catástrofes Põe em Perigo as Comunidades Afro-Americanas]. Imprensa da Universidade de Nova Iorque. Nova Iorque.

CDKN. (2014). O Quinto Relatório de Avaliação do IPCC: O que é que ele traz para África?

Overseas Development Institute: Londres, Reino Unido; Climate and Development Knowledge Network: Wageningen, Países Baixos. https://cdkn.org/resource/highlights-africa-ar5/?loclang=en_gb. Último

Acedido em abril de 2022

Chambers. R. (2017). *Podemos saber melhor? Reflexões para o desenvolvimento.* Ação prática. Rugby, Reino Unido

Costella, C., McCord, A., van Aalst, M., Holmes, R., Ammoun, J., Barca, V (2017). Proteção social e alterações climáticas: aumentar a ambição. *SPACE, outubro.*

Davies, M., Guenther, B., Leavy, J., Mitchell, T., & Tanner, T. (2009). Adaptação às alterações climáticas, redução do risco de catástrofes e proteção social: Complementary roles in agriculture and ruralgrowth? (No. 320).

Dell, M., e Jones, B. (2008). Climate Change and Economic Growth: Evidence from the Last Half Century (Working Papers Series, No. 14132.)

Departamento para o Desenvolvimento Internacional (DFID) (2010). *Adaptação às alterações climáticas com base na comunidade: DFID Guidance Note.*DFID. Londres, Reino Unido.

England, M.I.; Stringer, L.C.; Dougill, A.J.; Afionis, S. (2018). Como é que as políticas sectoriais apoiam o desenvolvimento compatível com o clima? Uma análise empírica centrada na África Austral. *Environ. Sci. Policy, 79,* 9-15.

Ensor, J. e Berger, R. (2009). Adaptação e Resiliência dos Meios de Subsistência: Lessons from CBA in Developing Countries. Practical Action Publishing. Rugby, Reino Unido.

Everest Rogers, E.M. (20003). Diffusion of Innovations. Free Press (5th Edition). Nova Iorque, EUA

Fankhauser, S., & Stern, N. (2016). *Alterações Climáticas, Desenvolvimento, Pobreza e Economia. maio,1-30.*

FAO. (2008). Climate change adaptation and mitigation in the food and agriculture sector technical background document from the expert consultation held on. março.

FAO. (2013). *Silvicultura inteligente para o clima. Em Climate Smart Agriculture Sourcebook (Módulo 9).* http : //www.fao.org/3/a-i3325e.pdf

FAO. (2016). *Alterações climáticas e segurança alimentar: Risks and responses.FAO.* http://www.fao.org/3/a-i5188e.pdf

Favretto, N., Dougill, A. J., Stringer, L. C., e Afionis, S. (2018). Ligações entre Mitigação das Alterações Climáticas, Adaptação e Desenvolvimento na Política Fundiária e Projectos de Restauração de Ecossistemas: Lessons from South Africa. https://doi.org/10.3390/su10030779

Favretto, N., Dougill, A. J., Stringer, L. C., Afionis, S., & Quinn, C. H. (2019). Ligações entre mitigação das alterações climáticas, adaptação, e desenvolvimento na política fundiária e projectos de restauração de ecossistemas: Lições da África do Sul. SRI Briefing Note Series No. 16. Universidade de Leeds, Reino Unido

Governo do Ruanda (2011). Estratégia do Ruanda para as alterações climáticas e o crescimento verde. MINIRENA. Kigali, Ruanda

Fundo Verde para o Clima (GCF) (2024). Relatório intercalar de avaliação de impacto para o FP073: Reforço da resiliência climática das comunidades rurais no Norte do Ruanda, Fundo Verde para o Clima, Incheon, Coreia do Sul

Fundo Verde para o Clima (GCF), 2018. *FP073: Reforço da resiliência climática das comunidades rurais no norte do Ruanda.* Fundo Verde para o Clima, Incheon, Coreia do Sul

Green Gicumbi obtido de https : //greenfund.rw/greengicumbi

Hallegate, S., Hourcade, J. e Dumas, P. (2007). Why economics dynamics matter in assessing climate change damages: illustration on extreme events. *Ecological Economics, Vol. 62,* pp 330-340.

Hallegatte, S. e Ghill, M. (2008). Natural Disasters Impacting a Macroeconomic Model with Endogenous Dynamics (Catástrofes naturais com impacto num modelo macroeconómico com dinâmica endógena). *Ecological Economics, 6 8,* 582-592.

Hornbeck, R. (2009). The Enduring Impact of the American Dust Bowl: Short and Long Run Adjustments to Environmental Catastrophe (Documento de trabalho, n.º 15605.).

Houghton, T., Ding, Y., Griggs, D.J., Noguer, M., van der Linden, PJ., D., & X., Maskell, http://ipccwg2.gov/AR5/images/uploads/IPCC   WG2AR5 SPM Appro ved.pdf

Huq, S., Reid, H. e L.A. Murray (2006). *Community-Based Adaptation to Climate Change: Emerging Lessons.* IIED (Instituto

Internacional para o Ambiente e o Desenvolvimento). Londres, Reino Unido

IFAD. (2013). *A vantagem da adaptação: Os benefícios económicos da preparação dos pequenos agricultores para as alterações climáticas.*

https://www.ifad.org/documents/10180/0a24e248-3f96-49af-b2df-ebbce284335c

IGIHE. (2021). *Hegitari 400 z'amashyamba zimaze gusazurwa mu mushinga Green Gicumbi.*

IGIHE.COM.https://igihe.com/ibidukikije/ibungabunga/article/hegitar i- 400-z- amashyamba-zimaze-gusazurwa-mu-mushinga-green-gicumbi.

Último acesso em agosto de 2022

ILO, UNDESA, & WHO. (2011). As dimensões sociais das alterações climáticas: Projeto de discussão.

IPCC. (2007). Alterações climáticas 2007: Relatório de síntese. Genebra: Painel Intergovernamental sobre as Alterações Climáticas.

IPCC. (2014). Climate change 2014: Impacts, adaptation and vulnerabilitySummary forpolicymakers. *Genebra: IPCC.*

IPCC. (2018). Global Warming of 1.5° C. An IPCC Special Report on the Impacts of Global Warming of 1.5° C Above Pre-Industrial Levels and Related Global Greenhouse Gas Emission Pathways, in the Context of Strengthening 75 the Global Response to the Threat ofClimate Ch.

IPCC (2023). Alterações climáticas 2023, Relatório de síntese AR6, Comunicado de imprensa do PIAC, INTERLAKEN, Suíça

IPCC, (2022). Anexo II: Glossário [Möller, V., R. van Diemen, J.B.R. Matthews, C. Méndez, S. Semenov, J.S. Fuglestvedt, A. Reisinger (eds.)]. In: Climate Change 2022: Impacts, Adaptation and Vulnerability [Alterações Climáticas 2022: Impactos, Adaptação e Vulnerabilidade].

Contribuição do Grupo de Trabalho II para o Sexto Relatório de Avaliação do Painel Intergovernamental sobre as Alterações

Climáticas

Klein, R.J.T. Schipper, E.L.F. e Dessai, S. (2005). Integrating mitigation and adaptation into climate and development policy: three research questions. 8, 579-588. https://doi.org/10.1016/j.envsci.2005.06.010 em 2005 na revista *Environmental Science & Policy,* Volume 8, Número 6, páginas 579588.

Kok, M.; Metz, B.; Verhagen, J.; Van Rooijen, S. (2008). Integração das políticas de desenvolvimento e climáticas: Benefícios nacionais e internacionais . *Clim. Policy, 8,* 103-118.

KTPress. (2022). *'Green Gicumbi' investe 1,6 mil milhões de rúpias numa aldeia modelo.* Ktpress.Rw. https://www.ktpress.rw/2022/01/green-gicumbi-invests-rwfl-6billion-in-model-village/ . Último acesso em agosto de 2022

Landon-Lane, J., H. R. e R. H. S. (2009). *Droughts, Floods and Financial Distress in the UnitedStates* (Documento de trabalho, n.º 9490.).

Locatelli B, Evans V, Wardell A, Andrade A, V. R. (2011). Florestas e mudanças climáticas na América Latina: ligando adaptação e mitigação. Forests. 2:431-450.

Locatelli, B., Charlotte Pavageau, C., Emilia Pramova, E e Di Gregorio, M. (2015). Integrando a mitigação e adaptação às mudanças climáticas na agricultura e silvicultura: oportunidades e trade-offs. WIREs Climate Change. Wiley Periodicals, Inc. https://doi.org/10.1002/wcc.357 (4)

Malone, E.L., La Rovere, E.L et al. (2014). O papel da gestão de recursos naturais de base comunitária na adaptação às alterações climáticas. Springer. Cham, Suíça

Markkanen, S. e Anger-Kraavi, A. (2019). Impactos sociais das políticas de mitigação das alterações climáticas e suas implicações para a desigualdade. Taylor & Francis, UK in Climate Policy **DOI:** 10.1080/14693062.2019.1596873

McCarthy, J. J. (2001). Climate Change 2001: Impacts, Adaptation, and Vulnerability [Alterações Climáticas 2001: Impactos, Adaptação e Vulnerabilidade]: Contribuição do Grupo de

Trabalho II para o Terceiro Relatório de Avaliação do Painel Intergovernamental sobre Alterações Climáticas. Cambridge University Press.

Mearns, R., & Norton, A. (Eds). (2010). Social dimensions of climate change: Equity and vulnerability in a warming world (Equidade e vulnerabilidade num mundo em aquecimento). Washington, DC: Banco Mundial.

Mechler, R. (2004). Natural Disaster Risk Management and Financing Disaster Losses inDeveloping Countries.

Morchain, D., & Kelsey, F. (2016). Finding ways together to build resilience: the vulnerability and risk assessment methodology. *Oxford: Oxfam GB.* http://policy-practice.oxfam.org.uk/publications/findingways-%0Atogether-to-build-resilience-the- vulnerability-and-risk-assessment- 593491

Moser, C., Norton, A., Stein, A., & Georgieva, S. (2010). Adaptação dos pobres às alterações climáticas nos centros urbanos: Case studies of vulnerability and resilience in Kenya and Nicaragua. Washington, DC: Banco Mundial.

Instituto Nacional de Estatística do Ruanda (NISR) (2022). Quinto Recenseamento da População e da Habitação - 2022. Instituto Nacional de Estatística do Ruanda, Kigali, Ruanda

NH., R. (2007). Mitigação e sinergia de adaptação no sector florestal. *Mitig Adapt Strat Glob Chang,12,* 843-853.

Nunan, F. (2017). Conceptualização do desenvolvimento compatível com o clima. Em Making ClimateCompatibleDevelopmentHappen, 1.ª ed., Routledge. Routledge: Oxford.

O'Brien, G., P. O'Keefe, H. Meena, J. R. e L. W. (2008). Climate Adaptation from a PovertyPerspective. *Climate Policy, Vol. 8, pp,* 194-201.

OCDE. (2009). *Integrar a adaptação às alterações climáticas na cooperação para o desenvolvimento.*

Panorama. (2022). *Gicumbi: Barahamya Ko Biogaz Yabahinduriye*

Imibereho. Panorama. Rw. https : //panorama. rw/index.php/2022/01/24/gicumbi-barahamya-ko-biogaz-yabahinduriye- imibereho/. Último acesso em abril de 2022

Patrick, Pringle; e Adelle, T. (n.d.). Adaptação climática e teoria da mudança: Making it work for you. 1-13.

Pramova E, Locatelli B, Brockhaus M, F. S. (2012). Serviços ecossistémicos nos Programas dc Ação Nacionais de Adaptação. *Clim Policy, 12,* 393-409.

Putnam, R. (2000). *Bowling Alone: The Collapse and Revival of American Community.* Simon & Schuster. Nova Iorque, NY, EUA

Raddatz, C. (2009). The Wrath of God: Macroeconomic Consequences of Natural Disasters "W Bank, Washington DC. *Documento de Trabalho de Investigação de Políticas do Banco Mundial.*

Relatórios (anuais) da Agência de Meteorologia do Ruanda. Agência de Meteorologia do Ruanda (RMA) Kigali, Ruanda

Ministério do Ambiente do Ruanda (MdE) (2018). *Estratégia de Crescimento Verde e Resiliência Climática (GGCRS),* Autoridade de Gestão Ambiental do Ruanda (REMA), Kigali Ruanda.

Ministério do Ambiente do Ruanda (MdE) (2018). *Estratégia de Crescimento Verde e Resiliência Climática do Ruanda (GGCRS)* Autoridade de Gestão Ambiental do Ruanda (REMA), Kigali, Ruanda

Ministério do Ambiente do Ruanda (MdE) (2020). *Contribuição Nacionalmente Determinada (NDC) actualizada do Ruanda,* Ministério do Ambiente do Ruanda em colaboração com a Convenção-Quadro das Nações Unidas sobre Alterações Climáticas (UNFCCC), Kigali, Ruanda

Saunders, M., Lewis, P. Thornhill, A. (2019). *Métodos de pesquisa para estudantes de negócios* (8 [th] Edition). Pearson. Harlow, Reino Unido

Schlosberg, D. (2019). Materialismo sustentável: Movimentos

ambientais e a política da vida quotidiana. Oxford University Press. Oxford

Scott, J. e Marshall, G. (2015). *A Dictionary of Sociology* (4th Edition). Oxford University Press. Oxford, Reino Unido

Sen, A. (2009). *The Idea of Justice*. Harvard University Press. Cambridge, MA, EUA

Spencer, B.; Lawler, J.; Lowe, C.; Thompson, L.A.; Hinckley, T.; Kim, S.; Bolton,

S . ; Meschke, S.; Olden, J.D.; Voss, J. (2017). Estudos de caso em abordagens de co-benefícios para mitigação e adaptação às mudanças climáticas. *J. Environ. Plan. Manag, 60,* 647-667.

Spiegel, M.R. (1992). *Schaum's Outline of Theory and Problems of Statistics.* McGraw-Hill, Nova Iorque

Stringer, L.C.; Dougill, A.J.; Dyer, J.C.; Vincent, K.; Fritzsche, F.; Leventon, J.; Falcão, M.P.; Manyakaidze, P.; Syampungani, S.; Powell, P. . et al. (2014). Promoção do desenvolvimento compatível com o clima: Lições da África Austral. *Reg. Environ. Chang., 14,* 713-725.

Suckall, N.; Stringer, L.C.; Tompkins, E. L. (2015). Apresentar ganhos triplos? Avaliação de projectos que proporcionam adaptação, mitigação e co-benefícios de desenvolvimento na África subsariana rural. *Ambio, 44,* 34-41.

Swart, R.; Raes, F. (2007). Making integration of adaptation and mitigation work: Mainstreaming into sustainableabledevelopment policies? *Clim. Policy, 7,* 288-303.

Tanner, T.; Mensah, A.; Lawson, E.T.; Gordon, C.; Godfrey-Wood, R.; Cannon,

T . (2014). Economia política do desenvolvimento compatível com o clima: Pesca artesanal e alterações climáticas no Gana.

Programa das Nações Unidas para o Desenvolvimento (PNUD) (2010). *Community-Based Adaptation to Climate Change: Scaling Up.* PNUD. Nova Iorque, EUA

Programa das Nações Unidas para o Ambiente (PNUA) (2016). *O*

Estado do Ambiente em África 2016 Programa das Nações Unidas para o Ambiente, Nairobi, Quénia

USAID (2019). Perfil de risco climático: Ruanda (2019). USAID. Washington, D.C.

Weiss, C. (1998). Evaluation: Methods for Studying Programs and Policies, Prentice Hall. Englewood Cliffs, New Jersey (edição revista de 1998)

Wilkes A, Tennigkeit T, S. K. (2013). Planeamento nacional para a mitigação de GEE na agricultura: um documento de orientação. *Organização das Nações Unidas para a Alimentação e a Agricultura (FAO).*

Wood, B.T.; Stringer, L.C.; Quinn, C.H.; Dougill, A. J. (2017). Investigando os resultados do desenvolvimento compatível com o clima e suas implicações para a justiça distributiva: Evidence from Malawi.*Environ. Manag., 60,* 436453.

Banco Mundial (2015). Climate Change Impacts on Rwanda's Agriculture: A Review of the Literature, Banco Mundial Washington, D.C.

Banco Mundial e FAO (2015). Manual de referência sobre género na agricultura: Módulo 18. Gender in climatesmart agriculture (publicado pela primeira vez em 2009). *Washington, DC: Banco Mundial.*
https://openknowledge.worldbank.org/handle/10986/22983

Yamane, T. (1967). Statistics: An Introductory Analysis (2ª ed.). Nova Iorque: Harper & Row.

Apêndices

Apêndice 1: Formulário de consentimento

Caro participante,

Somos investigadores da Universidade Independente de Kigali (ULK) e estamos a realizar um estudo intitulado: *Perceção da Comunidade Local sobre o Desenvolvimento de Projectos de Mitigação e Adaptação às Alterações Climáticas no Ruanda: O caso do Projeto Green Gicumbi.*

Como parte desta investigação, preparámos um conjunto de perguntas destinadas a recolher dados que contribuirão para a conclusão bem-sucedida do estudo. Ao participar neste inquérito, as suas opiniões serão valiosas para criar uma compreensão abrangente dos impactos dos projectos de mitigação e adaptação às alterações climáticas no desenvolvimento socioeconómico da comunidade local de Gicumbi. Os resultados deste estudo podem ajudar os líderes e gestores de projectos a melhorar os resultados destas iniciativas.

A participação neste inquérito é voluntária e requer aproximadamente 10 minutos do seu tempo. Não há qualquer compensação financeira pela participação. No entanto, as suas opiniões desempenharão um papel crucial na definição do sucesso e melhoria dos projectos de alterações climáticas na sua comunidade.

Estaria disposto a participar neste estudo, partilhando objetivamente as suas opiniões? O seu contributo será muito apreciado.

Dr. Kagabika Muyuku Boaz, PhD
Cyuzuzo Byukusenge Deborah
Cyuzuzo Aimé Christian

Apêndice 2: Inquérito aos participantes da comunidade

Part I: Profile of Respondents	Answers		
Locality and Time			
Date:			
Location			
Age			
Sex			
Marital Status			
Education Level			
Ubudehe category			
Proffessional			
Do have any disability?	Yes	No	
II. Local community's perceptions and awareness on climate change and its impacts in Gicumbi District.			
The temperature has increased during the last 30 years	Agree	Disagree	Neutral
The rainfall became heavy and devastating	Agree	Disagree	Neutral
The rainfall season has been shorter during thelast 30 years	Agree	Disagree	Neutral
The seasons have been disrupted that farmers confuse rainy and dry seasons			
The reduction in agricultural production observed	Agree	Disagree	Neutral
The area of mosquitos has been extended nowadays	Agree	Disagree	Neutral
People are more suffering from malaria than itwas during the last 30 years	Agree	Disagree	Neutral
Part III: Effectiveness of community-based approaches in implementing the Green Gicumbi Project for socio-economic development and sustainable climate action			
Green Gicumbi Project is training people to plant trees (afforestation and reforestation)	Agree	Disagree	Neutral
Green Gicumbi project is training people to use biogas in order to avoid intensive deforestation	Agree	Disagree	Neutral

Green Gicumbi project is training people harvest rain water in to solve the scarcity and avoid erosion	Agree	Disagree	Neutral
Green Gicumbi is training people to land consolidation	Agree	Disagree	Neutral
Green Gicumbi is training people to cultivate crops that resist to drought	Agree	Disagree	Neutral
Green Gicumbi is training people to use wasteas fertilisers	Agree	Disagree	Neutral
a) Economic Conditions			
(1) Green Gicumbi projects are playing important role for giving Gicumbipeople jobs by planting trees (Afforestation& reforestation)	Agree	Disagree	Neutral
(2) Green Gicumbi Projects increases incomeby land consolidation	Agree	Disagree	Neutral
(3) Green Gicumbi Projects increases agriculture production by using water tanks anddams to irrigate crops	Agree	Disagree	Neutral
(4) The usage of biogas is increasing your income by saving money affected by firewood and fuel	Agree	Disagree	Neutral
(5) The usage of stove consuming few firewood is increasing your income by savingmoney	Agree	Disagree	Neutral
(6) What was your monthly income before theGreen Gicumbi Projects?	Numerical		
(7) What is your income now?	Numerical		
(8) What do you think is the reason of increaseor reduction in your income?	Text		
(9) Green Gicumbi Projects promote small andmedium enterprises...	Agree	Disagree	Neutral
b) Social Conditions			
(10 Green Gicumbi Projects improves settlements/Infrastructure	Agree	Disagree	Neutral
11) Would you say you lived-in high-risk zonesbefore the GGP?	Yes		No

If Yes, 11 (a) Do you still live-in high-riskzone?	Yes		No
If Yes go to question 12, If No, 11 (b) Why are you not still in high riskzone?	Text		
(12) Green Gicumbi Projects raise environmental protection awareness	Agree	Disagree	Neutral
(13) Green Gicumbi Projects improves youth and women engagement in environmental	Agree	Disagree	Neutral
Part V: Green Gicumbi Project Challenges	**Select the challenges that you think GGP meets**		

(14) Do you think GGP has challenges infulfilling its objectives?	a) Low level ofawareness	b) Low level of participation ofthe community	c) Poor sense of projects community ownership
	d) Lack of the sustainability of the conducted activities	e) Community mindsets	
	f) Other		

V. Solutions for overcoming the challenges encountered by GGP in achieving its objectives.
Addressing community mindsets
Enhancing awareness levels
Fostering community ownership
Collaboration with government agencies, NGOs, and private sector partners
THANK YOU FOR YOUR PARTICIPATION TO THE STUDY!

Apêndice 3: Formulário de guia de entrevista (para profissionais)

Estamos a realizar este estudo para recolher os seus pontos de vista sobre os efeitos da Mitigação e Adaptação às Alterações Climáticas nos meios de subsistência das comunidades rurais no Ruanda, centrando-se no *Projeto Gicumbi Verde (GGP)*. A sua participação é altamente valorizada e agradecemos o seu tempo para responder a estas perguntas.

1. Pode descrever brevemente o Projeto Gicumbi Verde (GGP) e explicar por que razão foi implementado no Distrito de Gicumbi?
2. Quem são as principais partes interessadas envolvidas no GGP e quais são os seus papéis?

3. Com base nos principais objectivos do projeto, quais são as suas realizações mais significativas até à data?

4. Pode descrever a extensão dos problemas relacionados com o clima (por exemplo, destruição de infra-estruturas, perda de vidas) no distrito antes do início do GGP?

5. Como é que estas questões (por exemplo, destruição de infra-estruturas, perda de vidas) mudaram desde a implementação do GGP?

6. Como é que o bem-estar dos residentes do Gicumbi District melhorou (ou mudou) desde o início do GGP?

7. Quais são, na sua opinião, os aspectos mais bem sucedidos do projeto GGP?

8. Quais os desafios que impediram a aplicação efectiva do GGP?
9. Que medidas considera que poderiam resolver os desafios enfrentados pelo projeto?
10. Há mais alguma coisa que gostaria de partilhar sobre o GGP ou o seu impacto?

Dr. Kagabika Muyuku Boaz, PhD
Cyuzuzo Byukusenge Deborah
Cyuzuzo Aimé Christian

Apêndice 4: O terraceamento radical realizado pelo Projeto Gicumbi Verde

(*Photo credit*

Apêndice 5: A aldeia-modelo verde em Kabeza, através da qual a comunidade local que vivia em zonas de alto risco foi deslocada

Anexo 6: Construção de barragens utilizadas para recolher água para irrigação na aldeia-modelo verde

Apêndice 7: Barrancos construídos para reduzir as inundações e os desabamentos de terras

Apêndice 8: Floresta reabilitada

Forests rehabilitation is among key interventions of the project.

188

Apêndice 9: Ponte reparada que dá acesso à Mulindi Tea Company

Apêndice 10: Os novos lotes da Aldeia Verde Modelo em preparação no sector de Kaniga

Apêndice 11: A plantação de chá em Mulindi

Apêndice 12: Foram plantadas árvores agro-florestais em 4.801 hectares de terra

Apêndice 13: Mapa administrativo de Gicumbi

Buy your books fast and straightforward online - at one of world's fastest growing online book stores! Environmentally sound due to Print-on-Demand technologies.

Buy your books online at
www.morebooks.shop

Compre os seus livros mais rápido e diretamente na internet, em uma das livrarias on-line com o maior crescimento no mundo! Produção que protege o meio ambiente através das tecnologias de impressão sob demanda.

Compre os seus livros on-line em
www.morebooks.shop

Printed by Books on Demand GmbH, Norderstedt / Germany